Jacques Werth, Nicholas Ruben, Michael Franz

High Probability Selling – Verkaufen mit hoher Wahrscheinlichkeit

So denken und handeln Spitzenverkäufer!

BusinessVillage
Update your Knowledge!

Jacques Werth, Nicholas Ruben, Michael Franz
High Probability Selling – Verkaufen mit hoher Wahrscheinlichkeit
So denken und handeln Spitzenverkäufer!
4., unveränderte Auflage
Göttingen: BusinessVillage, 2012
ISBN 978-3-938358-55-9
© BusinessVillage GmbH, Göttingen

Diese Publikation basiert auf dem amerikanischen Buch:
„High Probability Selling. Re-Invents the Selling Process"
Copyright © 2008 by Abba Publishing Company, 4. Rev. Sub. Edition.

Bestellnummer
Druckausgabe Bestellnummer PB-730
ISBN 978-3-938358-55-9

Bezugs- und Verlagsanschrift
BusinessVillage GmbH
Reinhäuser Landstraße 22
37083 Göttingen
Telefon: +49 (0)5 51 20 99-1 00
Fax: +49 (0)5 51 20 99-1 05
E-Mail: info@businessvillage.de
Web: www.businessvillage.de

Layout und Satz
Sabine Kempke

Druck und Bindung
scandinavianbooks, www.scandinavianbooks.de

Danksagung

„Without you, Jacques, this could never have happened. Thank you.“

Nick

Zu diesem Buch haben viele einen wichtigen und wertvollen Beitrag geleistet. Zuerst danken wir den über dreihundert Spitzenverkäufern und Top-Sales-Professionals, die uns erlaubten, sie über Tage hinweg live bei ihrer Arbeit zu beobachten. Aufgrund dieser umfangreichen Beobachtungen konnten wir die Methode High Probability Selling entwickeln. Diese wird in diesem Buch anschaulich beschrieben. Danke, dass wir Euch in die Karten schauen durften.

Zum Entstehen der amerikanischen Originalausgabe haben die folgenden Personen einen wichtigen Beitrag geleistet. Anthony Loscalzo, unser Freund und früherer Geschäftspartner, hat uns geholfen, die Struktur und den Inhalt des Buches zu entwickeln. Lieber Tom, wir danken dir sehr. Gerald Kaplan hat mit seinen Überarbeitungen wesentlich den Fluss und den Inhalt des Buches gestärkt. Gerry danke, dass du so viel Zeit in dieses Projekt investiert hast. Barton Pasternacks Schlusskorrektur hat die Qualität des Buches nochmals verbessert. Bart, danke für deine Hilfe.

Die folgenden Personen haben Michael Franz, den Geschäftsführer von High Probability in Deutschland, Österreich und der Schweiz, darin unterstützt die deutsche Ausgabe in den Buchhandel zu bringen: Margit Franz hat den Text editiert. Petra Kraus hat Teile der Rohübersetzung angefertigt. Jens Grübner hat den Titel, die Klappentexte und die Buchankündigungen mitgestaltet. Der Verleger Christian Hoffmann hat mit uns drei Autoren eine unendliche Geduld aufgebracht und uns viele innovative Ideen zur Vermarktung des Buches geliefert. Euch allen vielen, vielen Dank.

Vorbemerkung

Die Geschichte unseres Verkäufers **„Sal Esman"** ist inspiriert von einer wahren Begebenheit. Die Geschichte unseres **„Salesmans"** spiegelt die typischen Lernerfahrungen vieler Tausend Teilnehmer wieder, die unseren Verkaufsprozess gelernt haben und jetzt erfolgreich einsetzen.

Die direkte Rede haben wir als unterhaltsame und leicht lesbare Form gewählt, um eine neue und radikal andere Methode des Verkaufs und Vertriebs vorzustellen. Dieses Buch vermittelt Ihnen eine Ahnung, wie und warum die Methode High Probability Selling funktioniert. Aus Gründen des Sprachflusses wählen wir die männliche Form.

Mit der Methode High Probability Selling kann man einfach, erfreulich und erfolgreich Produkte und Dienstleistungen verkaufen. Wir haben Display-Verpackungen als anschauliches Beispiel gewählt. Obwohl man mit diesen im Einzelhandel, Supermärkten und Tankstellen ständig in Berührung kommt, denkt man so gut wie nie darüber nach. So hat man keine feste Meinung, wie dieses Produkt zu verkaufen ist, und ist offener für eine neue Verkaufsmethode.

Dieses Buch ist kein How-to-Buch. Sie werden High Probability Selling nicht meistern, wenn Sie nur davon lesen. Wobei einige auch das schaffen. Sie lesen das Buch mehrfach und auch die vielen praktischen Tipps auf unserer Website www.verkaufsblog.de. Wenn Sie diese Methode wirklich meistern wollen, dann erfordert das Training und Coaching. Mehr Informationen dazu finden Sie unter www.highprobability.de.

Dieses Buch ist ein Muss für alle, die für den Vertrieb und Verkauf von Produkten oder Dienstleistungen verantwortlich sind. Für Verkäufer, Vertriebsmitarbeiter, Telemarkter, Netzwerker und Lead Generatoren, die Prospecting, Cold Calling, Kaltakquise und Pre-Sales Aktivitäten einsetzen, um mehr Geschäfte zu machen, für Selbstständige, Unternehmer und Partner von Beratungsfirmen, die manipulative Verkaufsmethoden ablehnen und mit gutem Gewissen und auf professionelle Weise neue Aufträge bekommen wollen.

Kontakt zu den Autoren:

Dr. rer. oec. Michael Franz
E-Mail: info@highprobability.de

1. Andere Annahmen, andere Ergebnisse

Warum funktionieren Verkaufsschulungen nicht?

Warum zeigen die meisten Teilnehmer von Verkaufsseminaren nur geringe Verbesserungen ihrer Ergebnisse? Warum produzieren moderne Salestrainings und Vertriebstrainings nicht einen erfolgreichen Verkäufer nach dem anderen?

Warum benutzen die meisten Lehrgänge, Seminare und Trainings im Bereich Verkauf und Vertrieb in sehr großem Maße Motivations-Psychologie? Warum ist die Verkaufs- und Vertriebsbranche der größte Verbraucher von Motivationstrainings? Ist es Zufall, dass der nächstgrößere Verbraucher das Militär ist? Was haben Soldaten, Verkäufer und Vertriebsmitarbeiter gemeinsam, dass sie so viel Motivationstraining benötigen?

Wie viele Handwerker, Mechaniker, Steuerberater und Ärzte müssen regelmäßig an Motivationstrainings teilnehmen, um ihren Job ausüben zu können? Wie viele Berufe gehen mit eingebauter Angst vor Ablehnung und Zurückweisung einher? Warum fühlen sich so viele Verkäufer in ihren Jobs gefangen und ausgebrannt? Warum haben so viele Verkäufer einen Widerwillen, Ihren Job zu machen? Warum versuchen die meisten Menschen, Verkäufer zu meiden?

Sind diese Probleme typisch für den Verkauf und den Vertrieb oder ist es der grundlegend falsche Weg, wie wir verkaufen, der diese Probleme hervorruft? Könnte es sein, dass es nicht länger wirtschaftlich ist, potenzielle Kunden überreden und überzeugen zu wollen, wenn sie zum Kaufen noch gar nicht bereit sind? Könnte es sein, dass „Verkaufen als die Kunst der Überzeugung" ein Konzept ist, dessen Zeit abgelaufen ist? Schlimmer noch, dass nur der Versuch, den Kunden überreden und überzeugen zu wollen, bereits Anspannung, Stress und Frustration beim Käufer wie beim Verkäufer verursacht?

All diese Fragen haben wir uns gestellt und deshalb den gesamten Verkaufsprozess gründlich hinterfragt und völlig neu entwickelt.

Lernen Sie von den Besten!

(Wir haben es getan!) Was unterscheidet Spitzenverkäufer vom Rest ihrer Branche? Was machen sie anders? Wollen Sie es wissen? Wir wollten es auch! Deshalb haben wir über 300 Spitzenverkäufer und Top-Sales-Professionals aus über 23 Branchen identifiziert. Wir haben jeden einzelnen tagelang bei seiner Arbeit beobachtet. Zu Kundenbesuchen begleitet. Notiert, was er sagt und tut. Seine Abschlussraten gemessen. Schließlich wussten wir, was genau diese Verkäufer anders machen, sodass sie zu den Besten ihrer Branche werden lässt.

Verkaufen, wie man es richtig macht!

Die besten Verkäufer sind anders. Sie benutzen andere Verkaufsprozesse. Ihr Verkaufsprozess besteht aus Techniken, die wirklich funktionieren, in einer Reihenfolge, die wirklich funktioniert. Sie haben andere Einstellungen. Ihre Selbstsicherheit ist echt und natürlich: Sie wissen, wie man klar und deutlich mitteilt, was man verkauft. Sie wissen, wer es Ihnen am wahrscheinlichsten abkaufen wird. Sie sind ständig über dem Durchschnitt. Und sie erfreuen sich an einer überdurchschnittlich erfolgreichen Karriere.

Sie können von uns lernen, was die besten Verkäufer bereits wissen.

Was brauchen Sie, um ein wirklich guter Verkäufer zu werden? Wir vermitteln einen Verkaufsprozess, der unweigerlich zu mehr Verkaufserfolg führt. High Probability Selling trainiert Sie, wie Sie Kunden finden, die jetzt mit sehr hoher Wahrscheinlichkeit Ihre Produkte und Dienstleistungen kaufen wollen. High Probability Selling trainiert Sie, wie Sie feststellen, ob es eine beiderseits akzeptable Basis gibt, auf der man miteinander gute Geschäfte abschließen kann. Ohne dabei manipulative Techniken einzusetzen.

Ein ganz neues Zahlenspiel!

High Probability Selling ist keine Verbesserung oder Variation einer bekannten Verkaufs- und Vertriebsmethode. Es ist ein komplett neues Zahlenspiel. Sie werden weniger Kundenbesuche machen, diese aber mit wesentlich höherer Wahrscheinlichkeit abschließen. Sie werden weniger Druck, Stress und Angst im Verkauf und Vertrieb erleben. Dafür werden Sie wesentlich mehr Geld, Vertrauen und Respekt verdienen. Ist das etwas, das Sie wollen?

Am Anfang unserer Trainingsprogramme stellen wir Teilnehmern Fragen über das Verkaufen und Vertreiben.

Nach einigen Minuten zurückhaltender Reaktionen äußern unsere Teilnehmer laut und deutlich, wie sie sich wirklich fühlen. Typischerweise hören wir Folgendes:

1. Was ist Verkaufen?

Die ersten Antworten kommen mehr oder weniger aus dem Lehrbuch: „Bedürfnisse erfüllen, Produkte und Dienstleistungen bereitstellen, Vorteile herausstellen, Verkaufen ist die Kunst der Überzeugung."

2. Was ist Ihr Ziel, wenn Sie Verkaufen?

„Den potenziellen Kunden zum Kaufen zu bringen, Geld machen, einen Abschluss erzielen." Man einigt sich auf das Ziel, potenzielle Kunden zum Abschluss zu bringen.

3. Was tun Sie, um potenzielle Kunden zum Abschluss zu bringen?

Hier wird es interessanter. Zuerst sagen die Teilnehmer Dinge, wie: „Erkläre es Ihnen! Versprich Ihnen einen guten Service! Lerne Sie kennen! Zeig Ihnen die Vorteile auf, mit mir und meiner Firma Geschäfte zu machen!" Dann wird es skrupelloser: „Überzeuge Sie! Setze Sie unter Druck! Mache die eigenen Wettbewerber herunter! Tue so, als wärest du Ihr Freund!"

4. Was werden Sie tun, um Kunden zum Abschluss zu bringen?

Hier wird es lauter. Irgendeiner wird schließlich rufen: „Alles!" oder „Was auch immer nötig ist!" Und dann bricht der Damm: „Mache Ihnen Angst, bettle, manipuliere, betrüge, strapaziere die Wahrheit". Einer wird sagen: „Lüge!" Andere bestätigen: „Sei falsch! Tue so, als ob du Sie mögen würdest, als ob du an Ihnen interessiert wärest. Mache Ihnen zu jedem möglichen Zeitpunkt Komplimente! Sei unterwürfig! Schleim dich ein! Arschkriechen! Versprich Ihnen, zu jeder Zeit erreichbar zu sein. Tue so, als wärest du jemand anderes! Sei, was immer sie wollen!"

5. Wie fühlen sich Kunden, wenn ihnen auf diese Weise verkauft wird?

Ab hier kommen einige tiefe Wahrheiten über den Verkaufsprozess an die Oberfläche: „gehemmt, misstrauisch, ablehnend, ängstlich, verwirrt, feindselig, als würde ihre Intelligenz beleidigt werden, unter Druck gesetzt, wie ein Stück Fleisch, gejagt, verletzt, missbraucht." Ab und zu sagt ein Teilnehmer, dass sich potenzielle Kunden während des Verkaufsprozesses gut fühlen. Dieser Teilnehmer erntet gewöhnlich Irritationen von den anderen Teilnehmern.

6. Wie fühlen Sie sich, wenn Sie auf diese Weise verkaufen?

„Verängstigt, verwundbar, schutzlos, als hätte der Kunde die Führung, wie ein Bittsteller, nicht gut, ohne Selbstachtung, als müsste ich mich abmühen, missbraucht, verletzt, verzweifelt, ängstlich, wütend, aufgebracht, ärgerlich, stinksauer." Eine Minderheit sagt, dass sie sich während des Verkaufsprozesses gut fühlt, tritt aber im Laufe des ersten Workshops von dieser Position zurück.

7. Wie fühlen Sie sich, wenn Sie keinen Abschluss erzielen?

„Gekränkt, miserabel, abgelehnt, aufgebracht, wütend, ärgerlich, frustriert, wie ein Versager."

8. Wie fühlen Sie sich am Ende des Tages, wenn Sie nichts verkauft haben?

„Wie ein Versager! Es muss einen besseren Weg geben, Geld zu verdienen! Weniger als ...! Schutzlos und verletzlich, niedergeschlagen, gestresst, ausgebrannt."

9. Herrscht in unserer Gesellschaft ein Gefühl des Vertrauens oder des Misstrauens gegenüber Verkäufern?

(Wenn es je eine Suggestivfrage gab, ist das eine.) Die Teilnehmer lächeln üblicherweise gequält und sagen: „Natürlich, Misstrauen."

10. Was verursacht Widerstand und Ablehnung bei Käufern?

Die Teilnehmer geben in der Regel eine Reihe von Gründen für den Widerstand und die Ablehnung durch potenzielle Käufer an: „Druck, schlechte Erfahrungen, Unaufrichtigkeit, Betteln." Letztendlich sagt jemand: „Verkaufen." Es wird „Sales Resistance" beziehungsweise Verkaufswiderstand genannt, weil verkaufen Widerstand, Abwehr und Ablehnung beim Kunden erzeugt. Und jeder Versuch, das Ziel des Verkaufens zu verbergen und zu verschleiern, verursacht noch mehr Widerstand beim Kunden.

Es wird glasklar, dass Verkaufen und Vertreiben sowohl für den Käufer als auch für den Verkäufer schmerzvolle und schwierige Prozesse sind. Warum ist das so? Warum macht man es auf diese Weise?

Das Ziel des Verkaufens und Vertreibens ist (so die derzeitig vorherrschende Meinung), den Kunden zum Abschluss zu bringen. Verkauf und Vertrieb ist per Definition der Versuch, jemanden zu etwas zu bringen. Zu etwas, was er sonst möglicherweise nicht tun würde. Dies beinhaltet jede mögliche Verhaltensweise, die einen Abschluss herbeiführen kann. Dazu gehört, den Kunden zu überreden, zu überzeugen oder unter Druck zu setzen. **Diesen Ansatz nennen wir das traditionelle Verkaufen.**

Stellen Sie sich vor: Jemand will etwas von Ihnen, zum Beispiel Ihr Geld, und versucht, Sie dazu zu bringen, es herzugeben. Was werden Sie tun, wenn Sie den Versuch des anderen bemerken? Sie werden sich reflexartig schützen, indem Sie mit Widerstand, Misstrauen, Ablehnung, Zurückhaltung und Feindseligkeit reagieren. Genau das tun Käufer auch. Sie reagieren auf diesen Versuch der Manipulation mit Feindseligkeit. Traditionelles Verkaufen ist, ungeachtet, wie es verschleiert wird: **„Jäger jagt Beute."**

Paradigmenwechsel

Fische existieren in einem Paradigma, genannt Wasser. Fische sind sich des Wassers nicht bewusst, weil es konstant und immer da ist. Es gibt nie ein „Nicht-Wasser". Trotzdem formt Wasser ihr Universum. Es prägt sie. Wie sie sich bewegen. Wie sie essen. Wie sie atmen. Wie sie handeln. Traditionelles Verkaufen ist für Verkäufer, was Wasser für Fische ist.

Über Paradigmen, auch Annahmen genannt, denken wir nicht nach. Sie sind einfach da. Sie prägen, was wir denken, was wir tun. Sie bestimmen sogar, was wir für möglich halten. Eine Annahme ist ein Filter, durch den wir unsere Informationen erhalten. Das Fenster, durch das wir die Welt sehen, ohne überhaupt zu merken, dass wir durch etwas hindurchschauen. Hier sind ein paar Beispiele für bedeutende Paradigmenwechsel:

Geografie: Die Welt als Scheibe versus die Welt als Kugel!
Menschen glaubten früher, dass die Welt eine Scheibe ist. Niemand sprach darüber. Sie war einfach eine flache Scheibe. Diese Annahme prägte das Denken und das Handeln der Menschen. Beispielsweise beschränkte es Forschungsexpeditionen auf ein Minimum. Man hatte Angst, dass, wenn man sich zu weit auf dem Meer hinauswagt, man von der Scheibe herunterfällt.

Die Annahme, dass die Welt eine flache Scheibe sei, definierte, was möglich war und was gemacht werden konnte. Irgendwann stellte man fest, dass die Erde eine runde Kugel ist. Und plötzlich galten die traditionellen Regeln nicht mehr. Man konnte nach Westen einmal um die Erde segeln und wieder am Ausgangspunkt ankommen. Alle geografischen Vorstellungen änderten sich. Es tauchten ganz neue Fragen auf, beispielsweise: „Wenn die Erde rund ist, warum fallen die Menschen dann nicht herunter?"

Krankheitserreger: Böse Dämpfe versus winzige Bakterien!
Lange Zeit war es in der Medizin Stand der Wissenschaft, dass Krankheiten durch schlechte oder bösartige Dämpfe in der Luft erzeugt würden. Das gesamte medizinische Denken, inklusive Diagnose und Behandlung, beruhte auf dieser Annahme.

Dann stellte man fest, dass viele Krankheiten durch winzige Mikroben, Bakterien genannt, verursacht werden. Das medizinische Establishment hat sich anfangs gegen diese Tatsache gesträubt. Stand dieser Tatsache sogar feindselig gegenüber. Als endgültig bewiesen wurde, dass Bakterien die Erreger von Krankheiten sind, änderten sich über Nacht alle Regeln in der Medizin. Dieser Wechsel der Annahmen machte aus jedem erfahrenen „Dampf-Mediziner" wieder einen blutigen „Bakterien-Anfänger".

Wissenschaft: Newtonsche Physik versus Einsteins Relativitäts-theorie!
Für viele Jahre wurde das wissenschaftliche Denken und Forschen in der Physik durch die Annahmen von Newton beherrscht. Einstein entwickelte dann die Relativitätstheorie und seine berühmte Formel $E = MC^2$. Damit hat er unsere Annahmen über das Universum radikal verändert. Plötzlich wurde klar, dass Zeit relativ und der Raum gekrümmt ist.

Neue Annahmen entstehen nicht einfach aus logischen Weiterentwicklungen bestehender Annahmen. Sie stellen Sprünge in der Erkenntnis dar. Eine runde Kugelwelt lässt sich nicht logisch aus einer flachen Scheibenwelt ableiten. Bakterien lassen sich nicht logisch aus bösartigen Dämpfen herleiten. Die Relativitätstheorie ist keine Weiterentwicklung der newtonschen Physik.

Zurzeit ist die vorherrschende Annahme im Verkauf, dass man als Verkäufer jeden potenziellen Kunden zum Abschluss bringen muss. Diese Annahme wird nicht weiter hinterfragt. Tatsächlich werden Annahmen, weil sie nicht sichtbar sind, äußerst selten in Frage gestellt. Aber sie prägen unser Denken und schränken unsere Handlungsmöglichkeiten ein. Deshalb beschränken sich Anstrengungen, traditionelle Verkaufsmethoden zu verbessern, stets darauf, neue und bessere Wege zu entwickeln, mögliche Einwände potenzieller Kunden gegen einen Abschluss zu überwinden, und noch begeisterter und motivierter mit dieser feindseligen Situation umzugehen.

High Probability Selling (HPS)

High Probability Selling (HPS) geht von einer anderen Annahme aus: **Statt jeden potenziellen Kunden zum Abschluss bringen zu wollen, will HPS herausfinden, ob es eine beiderseits akzeptable Basis gibt, auf der man mit dem Kunden Geschäfte abschließen kann.**

Wenn sich eine Annahme ändert, ändert sich alles andere mit. Das haben wir bereits oben erläutert. Ersetzt man eine bestehende Annahme durch eine neue, muss alles von oben bis unten neu geprüft werden. Die ursprünglichen Ideen und Schlussfolgerungen gelten nicht mehr. Das ist beunruhigend. Man findet im Neuen zunächst keinen Platz. Weil sich das Neue nicht in das Alte einfügt, sondern es für ungültig erklärt. In der Vergangenheit wurde dieses Problem gelöst, indem man den Verkünder neuer Annahmen auf dem Scheiterhaufen verbrannt hat. Heutzutage macht man ihnen nur noch das Leben schwer oder erklärt sie einfach für verrückt.

Wenn Sie einen maximalen Nutzen aus diesem Buch ziehen möchten, sollten Sie alle Annahmen und Glaubenssätze, die Sie über das Verkaufen und das Vertreiben gesammelt haben, einmal zur Seite stellen. Filtern Sie die hier präsentierten Informationen nicht durch das, was Sie zu wissen glauben. Stellen Sie, während Sie dieses Buch lesen, vor allem die Glaubenssätze zur Seite, derer Sie sich besonders sicher sind. Diese sind vermutlich nur für das traditionelle Verkaufen richtig. Für High Probability Selling gelten neue Regeln.

Im Folgenden lesen Sie die unterhaltsame, spannende und berührende Geschichte eines intelligenten und hart arbeitenden Verkäufers. Er hat mit der traditionellen Verkaufsmethode keinen echten Erfolg. Trotz seines großen Einsatzes. Darum wagt er einen Jobwechsel und lernt etwas völlig Neues: Verkaufen nach der HPS Methode.

2. Sal Esman wagt den Neuanfang

Salvatore „Sal" Esman arbeitet seit sieben Jahren im Vertrieb eines mittelgroßen Verpackungsherstellers. Davor hat er in der gleichen Firma in der Gestaltung, im Druck und in der Endfertigung der Verpackungen gearbeitet. Noch während er in der Produktion tätig ist, entdeckt der Vertriebsleiter des Unternehmens Sals flottes Mundwerk. Sieht seinen Ehrgeiz, vorwärtszukommen. Er schlägt Sal vor, es im Vertrieb zu versuchen. Sal akzeptiert, weil ihn das viele Geld reizt, das man im Verkauf verdienen kann.

Sal wird von zwei erfahrenen und aggressiv zur Sache gehenden Vertriebsprofis ausgebildet. Zusätzlich schickt ihn die Firma auf einen zweiwöchigen Lehrgang bei einem der weltweit größten Anbieter für Verkaufsschulungen. Aus eigenem Antrieb nimmt er noch an weiteren Seminaren und Workshops teil und liest einige How-to-Bücher über Methoden, Techniken und die Psychologie des Verkaufens.

Sal glaubt, dass ihm das Verkaufen und Vertreiben liegen wird, weil er ein von Natur aus geselliger Mensch ist. Leider spiegeln seine Ergebnisse seine Erwartungen nicht wieder. Bei zwölf Mitarbeitern in der Verkaufsabteilung sind seine Ergebnisse nie besser als der Durchschnitt. Dabei hat er sich in der Vergangenheit in jeder Sache gut bewährt. Bald fühlt er sich unzufrieden. Nach ein paar Jahren im Verkauf fühlt er sich ausgebrannt und leer.

Sal glaubt, es liege am großen Unbehagen, das er verspürt, wenn er potenzielle Kunden unter Druck setzt, endlich abzuschließen. Nur nach einem Motivationstraining fühlt er sich zwei bis drei Tagen lang nicht ausgebrannt. Sal hat sich zusätzlich Motivations-CDs fürs Auto gekauft. Diese CDs scheinen ihn wieder aufzubauen. Nach einer Weile verlieren aber auch die CDs ihre Wirkung. Er fühlt sich in seinem alten Trott gefangen.

Sal ist ein harter Arbeiter, der sich gut um seine Kunden kümmert. Sein Problem ist, dass er einfach nicht genug davon hat. Es kostet ihn große Überwindung, potenzielle Kunden anzurufen. Es erscheint ihm nicht sehr lohnend. Sein Verkaufsleiter sagt ihm immer wieder, dass er mit mehr Begeisterung an potenzielle Kunden herangehen und aggressiver mit ihnen umgehen müsse. Sein Geschäftsführer sagt ihm, dass er ein schlechter „Closer" sei und daran arbeiten müsse. Die Verkaufsabteilung schickt ihn auf weitere Verkaufsschulungen, die Hemmungen und Ängste abbauen sollen. Aber das Muster bleibt gleich. Für ein bis zwei Wochen fühlt Sal sich motiviert. Dann fühlt er sich wieder ausgebrannt. Was neu erschien, war nur eine Wiederholung des alten Stoffes.

Sals Vertriebsleiter schickt ihn schließlich mit seinen drei besten Verkäufern auf Kundenbesuche. Sal sitzt still dabei und hört genau zu. Aber soweit er es beurteilen kann, gibt es nur kleine Unterschiede zwischen ihren und seinen Handlungsweisen. Einer macht eine ins Auge springende Powerpoint-Präsentation mit vielen eindrucksvollen und bunten Charts. Der Zweite hat viel Sinn für Humor und eine gesellige Persönlichkeit. Beides setzt er mit Stil ein. Der Dritte ist unbeschreiblich aggressiv.

Alle drei sind sehr überzeugend, wenn sie Kunden die Vorteile der Produkte und Dienstleistungen ihres Verpackungsherstellers vorstellen. Sie schaffen es gewöhnlich, eine vollständige Präsentation mit einem Minimum an Unterbrechungen und Einwänden abzuliefern. Das hat Sal nie erreicht. Seine Kollegen erscheinen ihm stärker. Aber selbst diese „Stars" sagen, dass es immer wieder Zeiten gibt, in denen sie nur mit großen Schwierigkeiten enthusiastisch, dynamisch und aggressiv bleiben können. Sie geben zu, dass auch bei ihnen potenzielle Kunden mit Widerstand, Ablehnung oder gar offener Feindseligkeit reagieren.

Die drei Starverkäufer sagen letztlich: „Verkauf und Vertrieb ist ein Zahlen-spiel. Wenn du Tag für Tag genügend Anrufe machst und dein Bestes gibst, wirst du deinen Teil bekommen. Wenn du an deinem Stil arbeitest und lernst, wie man die üblichen Einwände behandelt, wird deine Abschlussrate steigen. Wenn du dann noch fünf oder sechs wirklich gute Abschlusstech-niken lernst, wirst du noch mehr verkaufen. Das sind die wahren Tipps von echten Verkäufern!"

Das Problem ist, Sal weiß das alles bereits. Er fürchtet, dass er einfach nicht das Talent zum Spitzenverkäufer hat. Vielleicht wäre es das Beste, den Ver-kauf zu verlassen und zurück in die Produktion zu gehen. Aber die Gehäl-ter in der Produktion entsprechen nicht annähernd seinen Vorstellungen. Schließlich findet sich Sal bei einer Arbeitsvermittlerin wieder, die sich auf Stellen in der Verpackungsindustrie spezialisiert hat. Sie rät ihm, anstelle ganz Abstand vom Vertrieb zu nehmen, solle er sich bei der Wraparound Packaging Company (WPC) um die Position eines Verkäufers bewerben. Sal hat nichts zu verlieren und bittet um ein Vorstellungsgespräch.

Im Vorstellungsgespräch bei WPC wird Sal von der stellvertretenden Ver-kaufsleiterin gefragt, ob er bereit sei, einen schriftlichen Test abzulegen. Dieser soll sein „Persönlichkeitsprofil" und seine Eignung für den Verkaufs-ansatz von WPC bestimmen. Er willigt ein und legt noch am gleichen Tag den Test ab. Einige Tage später ruft die stellvertretende Vertriebsleiterin an und lädt ihn zu einem Gespräch mit dem Verkaufsleiter von WPC ein. Sie teilt ihm mit, dass er in dem Test gut abgeschnitten habe und sie ihn für einen trainierbaren Kandidaten hielten.

Die stellvertretende Verkaufsleiterin betont, er müsse lernen, auf „ihre Wei-se" zu verkaufen, falls er eingestellt würde. Als Sal fragt, was „ihre Weise" sei, erzählt sie ihm ein bisschen über ihre Verkaufs- und Vertriebsmethode, genannt High Probability Selling (HPS). **Dabei würde er lernen, wie man**

seine Energie und Zeit nur in Kunden investiert, die brauchen, wollen und bezahlen können, was WPC verkauft. Die HPS-Methode zu lernen würde nicht einfach werden. Das Schwierigste daran sei, seine alten Ideen über das Verkaufen und Vertreiben aufzugeben. Die finanziellen und emotionalen Ergebnisse würden diesen Aufwand jedoch bei Weitem ausgleichen. In anderen Worten, es sei die Gelegenheit, gutes Geld mit einer erfreulichen Tätigkeit zu verdienen.

Sal ist verständlicherweise skeptisch. Es klingt einfach zu gut, um wahr zu sein. Aber selbst wenn sie übertreiben sollte, könnte er nur davon profitieren, etwas Neues über das Verkaufen zu lernen. Aufgrund seiner bisherigen Erfahrungen befürchtet er jedoch, dass auch High Probability Selling nur ein neuer Aufwasch traditioneller Verkaufspsychologie sei. Es macht ihn neugierig, dass die stellvertretende Vertriebsleiterin Respekt und Vertrauen für die wichtigsten Merkmale von HPS hält. Sie erwähnt auch, dass er beide Eigenschaften im Test gezeigt hätte. Sal ist bereit, alles aufzugeben, was er über den Verkauf und Vertrieb weiß. Einige Tage später kündigt er seinen alten Verkaufsjob.

Zwei Wochen darauf fängt Sal bei WPC an. Nach einer zweitägigen Orientierung trifft er sich mit Victor Preston (VP), dem Abteilungsleiter für Vertrieb und Marketing. Dieser wird den größten Teil seines Trainings übernehmen. Sal ist ein bisschen irritiert. Der entspannte Stil von VP passt so überhaupt nicht in sein Bild eines erstklassigen Verkäufers.

Gleich im ersten Meeting mit VP bittet Sal um eine Beschreibung von High Probability Selling. Doch Viktor findet: „Dafür ist es noch zu früh. Menschen tendieren dazu, neue Informationen in ihre vorgefassten Meinungen einzubauen." Und führt weiter aus: „Bei einem ganz neuen Verkaufsansatz wie HPS ist es besser, diesen erst einmal in Aktion zu erleben. Anschließend klären wir das Wie und Warum."

Daraufhin nimmt Viktor Sal mit auf einen Kundenbesuch bei einem Konsumgüterhersteller, der mehrere Milliarden Euro Umsatz im Jahr macht. VP erzählt Sal, dass WPC vor weniger als einem Jahr den ersten Auftrag erhalten habe. Mittlerweile sei diese Firma zum viertgrößten Kunden von WPC aufgestiegen. Und das, obwohl WPC nur einen winzigen Bruchteil des Verpackungsbedarfes dieses Unternehmens bedient.

Direkt vor dem Besuch meint VP zu Sal, er solle einfach beobachten, was geschieht. Er solle nichts sagen, selbst wenn es so aussehe, als ob VP Hilfe brauche. Als sie ankommen, werden sie ins Einkaufsbüro geführt. Nach der Vorstellungsrunde passiert Folgendes: Die Einkäuferin, Ann Kaufmann, wirkt verärgert. Sie eröffnet das Gespräch, indem sie knapp mitteilt, dass sie sehr beschäftigt ist. Sie fragt, warum VP und Sal überhaupt gekommen sind.

VP: Sie scheinen verärgert zu sein.

Ann: Das hat nichts mit Ihnen zu tun. Ich stecke in der Klemme. Ein anderer Zulieferer ist mit einer kritischen Lieferung spät dran.

VP: Vielleicht sollten wir ein andermal wiederkommen?

Ann: Nein, das ist schon in Ordnung. Es gibt nichts, was ich jetzt daran ändern kann.

VP: Sie scheinen immer noch verärgert zu sein.

Ann: Mir geht es gut. Keine Sorge, ich werde es nicht an Ihnen auslassen.

VP: Als wir begannen, mit Ihrer Firma Geschäfte zu machen, sagten Sie mir, dass wir Sie stets termingerecht und mit gleichbleibend hoher Qualität beliefern müssen, wenn wir den Status eines bevorzugten

Lieferanten erhalten wollen. Ich weiß also, wie wichtig Ihnen Zuverlässigkeit ist.

Ann: Ja. Weil wir ständig unsere Kosten reduzieren, indem wir Lagerbestände und Ausschussquoten verringern, sind wir das profitabelste Unternehmen in unserer Branche geworden. Dabei sind wir stark auf unsere Lieferanten angewiesen. Wenn ein Lieferant spät oder in schlechter Qualität liefert, machen wir Verluste, die weit über den Wert dieser konkreten Lieferung hinausgehen. Und wenn das passiert, dann bekomme ich eine Menge negativer Aufmerksamkeit.

VP: Letzte Woche habe ich festgestellt, dass Sie uns in Ihre Liste der bevorzugten Lieferanten aufgenommen haben. Ich danke Ihnen für diese Anerkennung.

Ann: Wir sind mit Ihrer Produktqualität und Ihren stets korrekten Lieferterminen sehr zufrieden. Im Moment habe ich jedoch keine offenen Aufträge für die Linie, die Sie beliefern.

VP: Wollen Sie unsere Verpackungen für eine Ihrer anderen Linien?

Ann: Interessant, dass Sie das fragen. Bei zwei unserer anderen Marken habe ich einige Probleme mit dem Lieferanten für die Verpackungen.

VP: Welche Marken?

Ann: Sun und Moon.

VP: Welcher Art sind die Probleme?

Ann: Nun ja, der Lieferant für Sun hat Qualitätsprobleme und der Lieferant für Moon kommt mit den Mengen nicht zurecht.

VP: Wie ernst sind diese Probleme?

Ann: Bei Sun ist der Lieferant nicht in der Lage, die Verpackungen in guter Qualität zu gestalten. Unglücklicherweise betreffen diese Qualitätsprobleme nicht nur das Design der Verpackung, sondern auch die Herstellung. Ich bin wirklich besorgt. Wenn ich mich für einen neuen Lieferanten entscheiden sollte, so muss dieser mit guten Gestaltungen und einer hohen Herstellungsgüte aufwarten können, um den Auftrag zu bekommen.

VP: Wie viel Zeit ist zur Entwicklung der neuen Gestaltungen vorhanden?

Ann: Nicht viel. Zuerst brauche ich von Ihnen ein Angebot. Dann muss der Produktmanager seine Zustimmung geben.

VP: Wollen Sie, dass wir Ihnen diese Verpackungen liefern?

Ann: Ja, wenn Sie können. Material und Größe der Verpackungen entsprechen der Starlinie. Nur die Gestaltungen sind anders.

VP: Ganz recht. Aber ich muss die Gestaltung mit Ihrem Produktmanager durchsprechen, damit ich ganz genau weiß, was für das Angebot erforderlich ist.

Ann: So würde ich nicht vorgehen. Ich würde lieber zuerst Ihr Angebot sehen, bevor wir den Produktmanager hinzuziehen.

VP: Auf diese Weise arbeite ich nicht. Ich bin nicht bereit, zweimal ein Angebot zu erstellen. Wenn ich alle notwendigen Informationen habe, werde ich Ihnen ein Angebot erstellen. Deshalb will ich zuerst mit dem Produktmanager reden. Ist das für Sie in Ordnung ... oder nicht?

Ann: Was Sie sagen, klingt vernünftig. Ich rufe ihn an und frage, ob wir ihn jetzt treffen können.

Fünf Minuten später erscheint der Produktmanager der Sun Linie mit den Mustern der aktuellen Verpackungsgestaltung. Der Produktmanager (PM) umreißt kurz seine Anforderungen und fragt: „Wie lange wird es dauern, bis Sie uns für diese siebzehn Verpackungen ein neues Design liefern können?"

VP: Um unsere Überstundenzuschläge in der Designabteilung gering zu halten, wäre es am besten, die Arbeit nach und nach zu erledigen. Je nachdem wie sie gerade bei Ihnen anfällt. Würde das für Sie funktionieren?

PM: Ja, das tut es.

VP: Wie viele der Verpackungen brauchen Sie auf der Stelle?

PM: Wir brauchen vier davon innerhalb der nächsten fünf Wochen.

VP: Wenn wir zunächst nur an diesen vier Verpackungen arbeiten, können wir deren Design innerhalb einer Woche entwerfen. Nachdem Sie die Designs abgenommen haben, liefern wir Ihnen vier Wochen später die Verpackungen. Das erfüllt den von Ihnen benötigten Liefertermin in fünf Wochen. Ist das etwas, was wir für Sie tun sollen?

PM: Wir haben die vier Verpackungen bereits bei unserem bestehenden Lieferanten bestellt. Ich habe auch kein Problem damit, den Auftrag zu verdoppeln. Auf diese Weise verdopple ich auch meine Chancen, bei Produktionsschluss eine akzeptable Verpackung verfügbar zu haben. Natürlich reduziert das in diesem Quartal auch die Rentabilität meiner Linie. Infolgedessen auch meinen persönlichen Bonus. Aber wenn Sie es schaffen, werde ich auf Dauer viel besser dran sein.

VP: Was brauchen Sie, um sicher zu sein, dass wir Ihre Anforderungen erfüllen?

PM: Wenn Sie mir täglich einen Fortschrittsbericht und Kopien vom aktuellen Stand der Verpackungsdesigns zusenden, würde mir das sehr helfen. Ich kann den Auftrag unseres jetzigen Lieferanten nicht mehr stornieren. Aber wenn Sie Ihren Teil der Abmachung einhalten, verspreche ich Ihnen, dass Sie mindestens die Hälfte meines Verpackungsbedarfs erhalten. Selbst wenn der andere Lieferant rechtzeitig fertig werden sollte. Er hat schon zu oft versagt. Ich muss jemanden haben, auf den ich mich verlassen kann.

VP: Gut. Wir werden Ihnen jeden Morgen die Druckfahnen zuschicken. Die Gestaltungsarbeit an den ersten vier Verpackungsdesigns wird von uns durch Überstunden am Abend geleistet. Wollen Sie, dass wir das für Sie tun?

PM: Ja, definitiv.

VP: Wie viel Zeit hätten wir danach, um das Design der restlichen dreizehn Verpackungen zu gestalten?

PM: Zwischen acht und fünfzehn Wochen. Ich besorge Ihnen eine Kopie unseres Zeitplans.

VP: Wir werden ohne Probleme in acht bis fünfzehn Wochen liefern können. Sind Sie bereit, einige Verpflichtungen einzugehen?

PM: Was meinen Sie damit?

VP: Ich bin bereit, mich zu verpflichten, wenn Sie es auch sind.

PM: Ich schätze, das hängt vom Preis ab. Frau Kaufmanns Abteilung befasst sich zunächst mit diesem Teil der Abmachung. Der Einkauf wird aber letztlich aus meinem Budget bezahlt und somit braucht sie selbstverständlich meine Zustimmung.

VP: Frau Kaufmann ist bereits mit unserer Preisgestaltung vertraut. Wir haben alle Verpackungen für die Star Line gestaltet, hergestellt und geliefert. Bei Sun ändern sich nur die Farben und das Layout. Der Preis wird in etwa gleich sein. Angenommen, wir würden Ihnen morgen ein Angebot präsentieren und der Preis befände sich im Rahmen, wie schnell könnten Sie Ihre Zusage geben, damit Frau Kaufmann den Auftrag freigeben kann?

Ann: Ihre Preise für Star sind im Rahmen geblieben. Sie liegen vielleicht ein bisschen höher als der Durchschnitt.

PM: Der Preis ist für mich nicht am wichtigsten. Ich brauche Spitzenqualität, termingerechte Lieferungen, keine Lieferengpässe und nicht mehr als zwei Prozent Ausschluss. Wenn wir uns im Preis einigen können, gebe ich Ihnen morgen meine Zustimmung. Versäumen Sie nur bitte nicht die Liefertermine!

VP: Ihre Firma hat uns letzte Woche den Status eines bevorzugten Lieferanten gegeben. Wir haben diesen Status bekommen, weil unsere Qualität erstklassig ist und wir stets termingerecht liefern.

PM: Das höre ich gern. Aber manchmal sinkt die Leistung eines Lieferanten, wenn er eine größere Menge übernimmt.

VP: Ist das etwas, worüber Sie jetzt mit uns sprechen wollen?

PM: Nein, die Zeit wird es zeigen.

VP: (Liest aus seinen während der Besprechung gemachten Notizen vor.) Wir haben Ihre Anforderungen an die Gestaltung der Designs und die zeitliche Koordinierung behandelt. Wir haben uns über die Art und Weise geeinigt, wie wir den Lieferzeitplan für die Verpackungen handhaben. Darüber hinaus haben wir uns geeinigt, dass Sie morgen von uns ein schriftliches Angebot bekommen und sich der Preis im Rahmen der Preisgestaltung für die Star Line bewegen wird.
Gibt es noch irgendetwas, dass wir diskutieren sollten? Haben wir all Ihre Bedenken ausgeräumt?

PM: Mir fällt nichts mehr weiter ein.

VP: Sind Sie sicher, dass Sie uns diesen Auftrag geben wollen?

PM: Ja, ich gebe Ihnen diesen Auftrag.

VP: (Zur Einkäuferin) Sind Sie bereit, uns diesen Auftrag morgen freizugeben?

Ann: Ja. Vorher muss ich allerdings noch ein paar Aufgaben erledigen. Ich brauche die Unterschrift des Einkaufsleiters, weil der Auftrag sehr groß ist und wir angesichts unseres engen Zeitplans von Ihrer Lieferung abhängen.

VP: Wird der Einkaufsleiter morgen da sein?

Ann: Guter Hinweis. Lassen Sie mich das gleich prüfen.

Die Einkäuferin geht und kommt nach zehn Minuten wieder.

Ann: Der Einkaufsleiter wird morgen da sein. Ich habe bereits alles mit ihm besprochen. Er wird Ihren Auftrag gerne unterschreiben, da Sie damit ein großes Problem für uns lösen.

VP: Gibt es noch irgendetwas, dass wir über die Verpackungen der Sun Linie wissen oder heute diskutieren sollten?

PM: Nein, das Resümee fasst es gut zusammen. Falls Sie noch weitere Fragen haben sollten, rufen Sie mich einfach an. Ich danke Ihnen, dass Sie diese Angelegenheit so schnell für uns erledigen.

VP: Gern geschehen. (PM geht. Zu Ann:) Wollen Sie mit uns über die Verpackungen der Moon Line sprechen?

Ann: Noch nicht. Wir können die Moon Line besprechen, nachdem Sie uns gezeigt haben, dass Sie bei Sun einen ebenso guten Job wie bei Star machen. Ich will Sie nicht überfordern. Außerdem habe ich noch ein paar Monate Zeit, um die Situation bei Moon in den Griff zu bekommen.

VP: Werden wir die Gelegenheit bekommen, an der Moon Linie mit Ihnen zusammenzuarbeiten, wenn der richtige Zeitpunkt gekommen ist?

Ann: Wenn Ihre Leistung gut bleibt. Wir fragen immer zuerst unsere bevorzugten Lieferanten.

VP: Ich sehe Sie morgen mit dem Angebot.

Ann: Danke, es war mir ein Vergnügen.

VP: Gern geschehen.

Auf dem Weg zurück ins Büro unterhalten sich Sal und VP im Auto:

Sal: Dieser Abschluss wird diese Firma vermutlich zum größten Kunden von WPC machen. Es war ein großes Glück, dass du heute mit Ihnen eine Verabredung hattest.

VP: Glück?

Sal: Wenn wir nicht da gewesen wären, als ihre Probleme mit den Verpackungen aufkamen, hätten sie den Auftrag vielleicht an jemand anderen vergeben.

VP: Was in diesem Meeting passiert ist, war kein Glück. Wie wir gehört haben, brodelt dieses Problem mit den Verpackungslieferanten schon eine Weile vor sich hin. Meine Methode hat es nur aufgedeckt und auf den Tisch gebracht. Deshalb wollte ich dir auch nichts über die HPS-Methode erzählen, solange du es nicht selbst einmal erlebt hast. Dass Geschehene hat weder mit Glück noch mit einer deiner traditionellen Ideen vom Verkaufen zu tun.

Sal: Auf mich hat es den Eindruck gemacht, als ob du eine Abschlussfrage nach der anderen stellst.

VP: Genau das meine ich. Vielleicht denkst du nur, dass du Abschlussfragen gehört hast.

Sal: Nun, weil du mit dieser Einkäuferin schon zuvor zu tun hattest, wusstest du bereits, was für sie wichtig ist. Also kannst du ihre Einwände behandeln, bevor sie überhaupt geäußert wurden.

VP: Du hast gemerkt, dass sie nicht einen Einwand geäußert hat. Aber das ist nicht aus dem von dir genannten Grund geschehen. Sie war viel zu beschäftigt, Lösungen für ihre Probleme auszuhandeln, um irgendwelche Einwände zu äußern. Und weil wir sie nicht unter Druck gesetzt haben, gab es auch keinen Widerstand. Was denkst du, ist sonst noch passiert?

Sal: Du hast einen Abschluss über eine Nebensache gemacht, als du nach den Auslieferungsbedingungen gefragt hast.

VP: Vielleicht hat es danach ausgesehen. Aber ich habe sie nie nach den Lieferterminen gefragt. Der Produktmanager hat die Liefertermine zum Thema gemacht. Ich habe nicht versucht, einen Abschluss über eine Nebensache zu machen.

Sal: Was hast du dann versucht?

VP: Ich habe versucht herauszufinden, was ihre Bedingungen und Anforderungen an die Lieferung sind.

Sal: Jetzt bin ich verwirrt. Ich dachte, du zeigst mir diese großartige, neue, mächtige Verkaufsmethode und stattdessen sammelst du nur Informationen.

VP: Der menschliche Verstand tendiert dazu, alles in bestehende Muster zu sortieren und diese Muster zu Kategorien zusammenzustellen. Das ist auch meistens hilfreich, weil es uns erlaubt, unser Wissen und unsere Erfahrungen in neuen Situationen anzuwenden, ohne über jede Kleinigkeit neu nachdenken zu müssen. Wenn man aber etwas wirklich Neues lernen will, ist dieser Ansatz kontraproduktiv. Eine wirklich neue Idee lässt sich nicht in bestehende Muster sortieren, weil auch der Zusammenhang zu neu ist.
Du hast heute in der Tat eine mächtige und neue Verkaufsmethode gesehen, ohne es zu merken. Warte ab bis morgen früh. Wir präsentieren unser Angebot und erhalten ihre Auftragsfreigabe. Dann hast du den Beweis für die Effektivität unserer Methode.

Sal: Ich weiß nicht, wovon du sprichst. Ich habe gesehen, was heute passiert ist. Es sah so aus, als würdest du die Situation gut meistern. Mir fiel sogar auf, dass es sehr leicht aussah. Mehr wie pures Glück als effektives Verkaufen. Vielleicht hast du irgendetwas gemacht, dass ich noch nicht verstehe. Aber warum zeigst du mir etwas, das ich nicht verstehen kann?

VP: Um dein Denken zu öffnen. Das ist nicht einfach. Besonders wenn man glaubt, schon eine Menge zu wissen.

Sal: Ist es nicht an der Zeit, dass du mir das Ganze erklärst? Oder soll ich dich noch bei einem anderen Kunden beobachten?

VP: Nein, es ist an der Zeit zu reden. Sobald wir wieder im Büro sind, erläutere ich dir die Grundprinzipien von High Probability Selling.

3. Traditionelles Verkaufen versus High Probability Selling

VP: Zu Beginn will ich mit dir zwei wichtige Unterschiede zwischen konventionellem Verkaufen und High Probability Selling diskutieren.

Erstens: Traditionelles Verkaufen geht davon aus, dass mehr oder weniger jeder, der braucht, was wir verkaufen, ein potenzieller Kunde ist. Deshalb kann und soll man dieser Person verkaufen. High Probability Selling sieht sich die Realität da etwas genauer an. Offensichtlich gibt es da draußen viel zu viele potenzielle Kunden, als dass man jemals allen seine gesamte Verkaufsbotschaft präsentieren könnte. Wenn man also versucht, jedem potenziellen Kunden etwas zu verkaufen, verschwendet man seine Zeit, seine Mittel und seine Energie. Noch schlimmer, man hat die Opportunitätskosten, sich nicht mit den Kunden zu unterhalten, die gerade jetzt mit höchster Wahrscheinlichkeit kaufen wollen.

Zweitens: Traditionelles Verkaufen geht davon aus, dass Verkaufen die Kunst der Überzeugung ist. Ein Verkäufer kann potenzielle Kunden dazu bewegen, sein Produkt oder seine Dienstleistung zu kaufen, indem er sie durch die fünf klassischen Schritte einer Kaufentscheidung hindurchmanipuliert. Im Gegensatz dazu lehrt High Probability Selling, dass Verkaufen die Kunst der gegenseitigen Vereinbarungen und Verpflichtungen ist. Dazu sind nur High Probability Prospects, also Kunden mit einer sehr hohen Kaufwahrscheinlichkeit, bereit. Diese Kunden sind willens, sich Schritt für Schritt im Verkaufsprozess zu verpflichten. Nur High Probability Prospects sind die Zeit, Energie und Mittel eines Verkäufers wert.

Sal: Aber wie stellst du fest, ob jemand ein High Probability Prospect ist, bevor du ihm deine Präsentation gezeigt hast?

VP: Deshalb wirst du High Probability Selling lernen. Die Grundidee ist, Kunden zu disqualifizieren, das heißt sie auszuschließen, wenn sie bestimmte Kriterien nicht erfüllen können oder nicht erfüllen wollen. Das kann während des ganzen Verkaufsprozesses passieren.

Sal: Wenn Verkaufen nicht Menschen überzeugen soll, etwas zu tun, was man von ihnen will, was ist es dann?

VP: Verkaufen besteht aus einer Reihe von Vereinbarungen, die man mit dem Kunden trifft. Mit Kunden, die offen zugeben, dass sie brauchen, wollen und sich leisten können, was wir verkaufen. Die sich verpflichten, von uns zu kaufen, wenn wir ihre Bedingungen der Zufriedenheit erfüllen.

Sal: Mir ist immer wieder beigebracht worden, dass man im Verkauf mit der Identifikation von Bedürfnissen beginnt. Dann versucht man potenzielle Kunden davon zu überzeugen, dass unser Produkt genau das Produkt ist, das sie wollen und sich leisten können. Und wenn man einmal so weit gekommen ist, muss man seine besten Abschlusstechniken einsetzen. Eine nach der anderen. Ich habe außerdem gelernt, dass Kunden, die oft genug „Nein" sagen, irgendwann „Ja" sagen werden. Dieses eine „Ja" ist zehn „Neins" wert. Solange die Kunden noch nicht müde sind, „Nein" zu sagen, versucht man weiter abzuschließen.

VP: Die meisten Verkäufer begreifen nicht, dass sie auf diese Weise viele gute Verkaufschancen verlieren. Sie sehen die falschen Kunden. Sie verschwenden auf diese Weise ihre Zeit, ihr Talent, ihre Energie, ihre emotionale Stärke und die Ressourcen ihres Arbeitgebers.

Sal: Woher weißt du, ob du es mit einem richtigen Kunden zu tun hast, vor allem, wenn du noch nicht versucht hast, ihm etwas zu verkaufen?

VP: Gute Frage. Das ist ein komplexes Thema. Deshalb fangen wir mit einigen Beobachtungen über potenzielle Kunden beziehungsweise Prospects an. Diese Punkte werden von traditionellen Verkäufern oft nicht gesehen.

Bei HPS sortieren wir potenzielle Kunden, auch Prospects genannt, in vier Kategorien:

1. Potenzielle Kunden, die brauchen, wollen und bezahlen können, was wir verkaufen. Diese Gruppe wird gerne von uns kaufen.

2. Potenzielle Kunden, die brauchen und bezahlen können, was wir verkaufen, aber es nicht wollen.

3. Potenzielle Kunden, die brauchen und wollen, was wir verkaufen, es sich aber nicht leisten können.

4. Potenzielle Kunden, die brauchen, wollen und auch bezahlen können, was wir verkaufen. Trotzdem werden sie nicht von uns kaufen, weil sie zum Beispiel eine andere Marke bevorzugen.

Es ist also sinnvoll, seine Zeit, Energie und Mittel nur in potenzielle Kunden aus der ersten Kategorie zu investieren. Das sind die **High Probability Prospects.** Leider tragen diese Kunden keine große, rote Eins auf ihrer Stirn. Woran erkennen wir sie also?

Sal: Das kannst du nicht. Insbesondere nicht, solange sie nicht wissen, ob sie das, was du verkaufst, auch brauchen und wollen. Das können sie nicht wissen, solange sie deine Präsentation nicht gesehen haben. Deshalb versucht man jedem potenziellen Kunden, den man trifft, etwas zu verkaufen.

VP: Nicht ganz. Die meisten Kunden fassen bereits in der ersten Minute einen Entschluss über dein Angebot. Das ist auch die gesamte Zeit, die man bei der Kundensuche investieren sollte. Was du beschreibst, erfordert vom Verkäufer „aggressiv" und „hartnäckig" zu sein.

Sal: Und gleich wirst du mir erzählen, dass Aggressivität und Hartnäckigkeit auch nicht funktionieren?

VP: Aggressive Verkäufer erzeugen defensive Kunden. Hartnäckigkeit erzeugt Verärgerung. Dieser Ansatz und die meisten anderen Methoden, die traditionelle Verkäufer einsetzen, um einen Termin für ein Verkaufsgespräch zu bekommen, sind der Grund für die grassierende Kaufunlust und „Sales Resistance" vieler Prospects.

Sal: Willst du damit sagen, dass die meisten Ansätze und Methode, die ich gelernt und jahrelang im Verkauf eingesetzt habe, ausgedient haben?

VP: Ja! Am schwersten wird für dich sein, die traditionelle Forderung nach Aggressivität und Hartnäckigkeit aufzugeben.

Sal: Das kann ich gar nicht glauben. Diese Forderung ist Hauptbestandteil des Verkaufens. Sie wird ausdrücklich in Stellenanzeigen für Verkäufer genannt und gefordert.

VP: Ich weiß. Damit du das besser verstehst, gebe ich dir etwas Hintergrund über die traditionelle Verkaufskultur.

Das traditionelle Verkaufen

Die traditionellen Eigenschaften eines Starverkäufers sind:

A. Ehrgeiz

B. Aggressivität

C. Hartnäckigkeit

D. Wortgewandtheit

E. Fordernd

F. Gut angezogen

G. Charismatisch

H. Dynamisch

I. Schnell denkend

Die meisten Unternehmen werden dieser Liste gerne zustimmen. Eventuell ergänzen sie noch ein paar Punkte, wie: „Unermüdlich, trinkt nicht zu viel, ist ein guter Golfer, ..." Obwohl sich die Welt stark verändert hat, seit diese Liste zusammengestellt wurde, hat sich niemand die Zeit genommen, sie zu hinterfragen.

Traditionelle Techniken, Methoden und Ansätze des Verkaufs gründen auf einem weitgehend missverstandenen, psychologischen Fundament. Diese Verkaufstechniken fußen auf dem bekannten Fünf-Schritte-Modell des Verkaufens:

1. Attention	Aufmerksamkeit	der Aufhänger
2. Interest	Interesse	die Vorteile
3. Desire	Begehren	das Brauchen und Wollen
4. Conviction	Überzeugung	die Auflösung von Zweifeln und Einwänden
5. Action	Handlung	der Abschluss

Millionen Verkäufern wurde, basierend auf diesem Modell, das Verkaufen und Vertreiben beigebracht. Ungeachtet dessen, dass es die meisten Verkäufer schwierig finden, dieses Modell anzuwenden. **Diese Art des Verkaufens basiert auf der Idee, dass man mit dem Einsatz von Psychologie fast jeden dazu bringen kann, mehr oder weniger alles zu kaufen.**

Dieser Ansatz funktionierte. Zumindest sah es eine Weile danach aus. Die aggressivsten, redegewandtesten und ehrgeizigsten Menschen lernten dieses System als Erstes und Bestes. Sie waren diejenigen, die massenhaft Kühlschränke, Staubsauger und Autos unters Volk brachten.

Doch mit der Zeit haben viele Käufer auf diese Art des Verkaufens mit erheblicher Kaufunlust, Kaufzurückhaltung, Kaufablehnung sowie Widerstand, Ablehnung und Feindseligkeit gegenüber Verkäufern reagiert. Das Problem liegt einerseits an der Absicht des Verkäufers, jeden Kunden zu einem Abschluss überreden zu können, selbst wenn er das Produkt gar nicht will. Andererseits an der Idee, jede beliebige Person zu einem traditionellen Verkäufer ausbilden zu können. Viele Verkäufer haben diesen Ansatz ausprobiert und schnell herausgefunden, dass ständiges Versagen und Frustration nicht der Mühe wert sind.

VP: Versteh mich nicht falsch! Die grundlegende Entscheidungspsychologie mag ja richtig sein, aber ihre Anwendung geht weit am Markt vorbei.

Sal: Aber jeder kennt doch einen Starverkäufer, der mit traditionellen Verkaufsmethoden erfolgreich ist!

VP: Die meisten Spitzenverkäufer wissen gar nicht, was genau sie erfolgreich sein lässt. Sie kennen und nutzen je nach Situation viele verschiedene Ansätze. Instinktiv tun sie, was immer gerade nötig ist, um den Auftrag zu bekommen. Ich habe viele erfolgreiche Verkäufer über ihre Arbeit befragt und sie bei ihrer Tätigkeit beobachtet. Sie scheinen alle unterschiedliche Meinungen darüber zu haben, was bei ihnen funktioniert. Aber was sie dann tatsächlich tun, hat oft nur wenig mit dem gemein, was sie mir vorher erzählen.

Ohne es zu beabsichtigen, entwickeln die meisten Spitzenverkäufer sehr ähnliche Vorgehensweisen. Wir haben diese Vorgehensweisen herausgefunden und gründlich getestet. Wir haben festgestellt, dass sich funktionierende Ansätze deutlich von konventionellen unterscheiden. Die funktionierenden Ansätze werden durch wenige Prinzipien bestimmt. Wir haben sie alle in der Methode von High Probability Selling zusammengefasst.

Sal: Wie unterscheidet sich High Probability Selling von dem, was ich immer getan habe?

VP: Beim traditionellen Verkauf gibt es beispielsweise die Grundregel: „Frage immer nach dem Auftrag!" Manche Verkaufssysteme raten sogar, dass man so lange nach dem Auftrag fragen soll, bis potenzielle Kunden einen hinauswerfen. Wir fragen nie nach dem Auftrag.

Sal: Das ist ein Unterschied. Ich lese und höre immer wieder, dass man stets nach dem Auftrag fragen soll. Was ist sonst noch anders?

VP: Erinnerst du dich, dass man nur in potenzielle Kunden investieren soll, die brauchen, wollen und bezahlen können, was wir verkaufen? Je besser ein potenzieller Kunde zu dieser Beschreibung passt, desto höher ist die Wahrscheinlichkeit, dass er von uns kauft. Wir verschwenden unsere Zeit nicht an Kunden, die wahrscheinlich gar nicht von uns kaufen werden. Warum sich abmühen? Das ist ein weiterer Unterschied.

Sal: Gut. Wenn du aber nicht versuchst, potenzielle Kunden von einem Produktkauf zu überzeugen, warum braucht man dann überhaupt noch Verkäufer?

VP: Das ist eine gute Frage. Die Antwort liegt in der Frage: Was ist die Rolle eines Verkäufers im 21. Jahrhundert?

In den fünfziger Jahren kostete es sehr wenig, jemanden auf die Straße zu schicken, der Klinken putzt. Damals erhielten Verkäufer kein Fixgehalt, eine direkte Provision von jedem Verkauf und manchmal auch einen kleinen Vorschuss. Zu geringen Kosten war es Unternehmen möglich, dass ihre Verkäufer einfach jeden heimsuchten. Die meisten Verkäufer hielten unter diesen Bedingungen nicht sehr lange durch.

Fernsehen gab es zwar schon, aber es war nicht sehr entwickelt. Und das Fernsehen hatte als Informationsmedium wenig Wert. Nur ein Bruchteil der heutigen Nachrichten- und Wirtschaftsformate existierte zu dieser Zeit. Direktmarketing steckte in den Kinderschuhen. Insgesamt gab es viel weniger Werbung und PR, um den Markt zu informieren und zu erziehen.

Verkäufer waren die „Missionare", die den Markt zu neuen Produkten und Dienstleistungen bekehrt haben. Ihre Aufgabe war es, so viele potenzielle Kunden wie möglich davon zu überzeugen, dass sie brauchten, wollten und bezahlen konnten, was der Verkäufer an neuartigen Geräten verkaufen wollte. Heutzutage können sich die meisten Branchen keine Missionare mehr leisten.

Sal: Offensichtlich ist es nicht rentabel, den Verkäufer das Marketing für ein Unternehmen machen zu lassen. Warum ist es nicht rentabel, Verkäufer loszuschicken, die jeden sinnvollen potenziellen Kunden davon überzeugen, dass er kauft?

VP: Was bevorzugst du als Verkäufer? Dich mit fünfzehn potenziellen Kunden zu treffen, denen du erfolgreich die Idee verkauft hast, dir einen Termin zu geben (und jeder dieser Kunden wird es vermutlich bereut haben, nachdem er aufgelegt hat). Oder fünf High Probability Prospects zu treffen, die dir bereits gesagt haben, dass sie brauchen, wollen und bezahlen können, was du verkaufst. Und die sich verpflichtet haben, jetzt von dir zu kaufen, vorausgesetzt, du erfüllst bestimmte Bedingungen?

Sal: Keine Frage. Aber wie kommst du an solche Termine?

VP: Du musst den Widerstand und die Ablehnung bei potenziellen Kunden eliminieren, wenn du sie anrufst.

Sal: Ich habe gelernt, dass Kaufunlust, Kaufabneigung und Widerstand in Form von „Einwänden" auftauchen. Deshalb muss man Einwänden zuvorkommen, bevor sie erhoben werden oder sie behandeln, nachdem sie auftauchen.

VP: Wir behandeln keine Einwände. In einer von High Probability Selling geprägten Umgebung wird der potenzielle Kunde in einen Verkaufsprozess einbezogen, der eine Einigung erzielen soll. Er muss deshalb dem Versuch „überzeugt zu werden" nicht widerstehen. „Einwände" tauchen nicht als Argumente oder Gründe auf, warum der Kunde nicht kaufen will. Sie tauchen als Punkte auf, die besprochen, verhandelt und gelöst werden müssen.

Sal: Ich muss das mit meinen eigenen Augen sehen, um es zu verstehen.

VP: Dem stimme ich zu! Für dein Hintergrundverständnis gebe ich dir einen kurzen Überblick über die traditionellen Verkaufstechniken.

Die Verkaufsmethode der fünfziger Jahre

Prospecting/Kundensuche: Der typische Verkäufer in den fünfziger Jahren begann das Prospecting, das heißt die Kundensuche, mit einer Liste aller möglichen Kunden. Das war „der Markt". Dann versuchte der Verkäufer, so viele Termine wie möglich mit diesen potenziellen Kunden zu bekommen. Alle verfügbaren Strategien und Tricks wurden eingesetzt, um den Fuß in die Tür zu bekommen. Wenn der Verkäufer einmal dem potenziellen Kunden gegenübersaß, wurde ihm gesagt, er solle ihn mit allem angehen, was er hat: die volle Verkaufspräsentation, die gesamte Show mit Pauken und Trompeten.

Selling/Verkauf: Ein Verkaufsgespräch wurde in der Regel als Präsentation mit visuellen Hilfsmitteln vorbereitet. Die Präsentation war üblicherweise als „Verkaufspräsentation in fünf Schritten" aufgebaut. Sie folgte damit den fünf psychologischen Zuständen, die ein potenzieller Kunde bei einer Kaufentscheidung durchläuft. Ich habe sie bereits erwähnt und will sie jetzt detaillierter beleuchten.

Attention/Aufmerksamkeit:
Sichere dir die Aufmerksamkeit des potenziellen Kunden. Nutze dein Showtalent. Sag etwas Verführerisches. Tue, was immer nötig ist, um seine Aufmerksamkeit auf das zu richten, was du verkaufen willst. Je dramatischer, desto besser.

Interest/Interesse:
Verknüpfe ein starkes Gefühl beim potenziellen Kunden mit deinem Produkt oder deiner Dienstleistung. Zeige einem Mann das Bild eines roten Cabrios mit einer blonden Frau auf dem Beifahrersitz. (Achte drauf, dass du ihr Gesicht sehen kannst, nicht aber das Gesicht des männlichen Fahrers. Es könnte ja der potenzielle Kunde sein.) Zeige einer Frau das Bild

einer Frau, die in einem gepflegten Kombi sitzt. Auf der Rückbank sitzen glückliche, friedliche und sicher angeschnallte Kinder. (Das Beispiel mit der Frau würde heute anders aussehen, aber die Idee bleibt die gleiche.) Jetzt ist „Show (Business) Time"!

Desire/Verlangen:

Jetzt kommt die Verführung. Zeige ihnen all die großartigen Eigenschaften deiner Produkte und Dienstleistungen. Zeige, wie sie davon profitieren. Male wunderschöne Wortbilder. Beteilige den Kunden. Lass Ihn, wenn möglich, ausprobieren, schmecken, hören, fühlen oder Probe fahren.

Conviction/Überzeugung:

Liefere statistische Beweise für die Überlegenheit deiner Produkte und Dienstleistungen. Benutze Aussagen prominenter Menschen, die von deinen Produkten und Dienstleistungen schwärmen. Zeige Empfehlungsschreiben, Zertifizierungen, Testergebnisse. Dabei fragt der Verkäufer: „Würden Sie nicht auch wollen?" und nickt mit dem Kopf.

Action/Abschluss:

Teste die Reaktion des Kunden. Frage nach dem Auftrag. Behandle seine Einwände. Geh den Kunden mit deiner besten Abschlusstechnik an. Es gibt Hunderte davon. Wenn sie „Nein" sagen, finde ihren Einwand. Wenn er versteckt ist, grabe ihn aus. Behandle diesen Einwand. Mach den Abschluss mit einer anderen Technik. Kein Abschluss? Mach es noch mal, noch mal, und noch mal. Jedes Mal mit einer anderen Technik.

VP: Wie du sehen kannst, ist der ganze Ansatz ziemlich manipulativ. Er beruht auf Gegensätzlichkeit. Er benötigt unglaublich viel Zeit, Energie und Praxis. Es ist sehr schwierig, so zu verkaufen, ohne potenzielle Kunden zu beleidigen und zu verärgern. Am meisten verärgert und beleidigt Kunden, dass die ganze Zeit nur der Verkäufer redet. In diesem Spiel hat der Kunde nur die Rolle des „Ja-Sagers" auf rhetorische Fragen!

Sal: Was ist falsch an diesem Fünf-Schritte-Modell – Attention, Interest, Desire, Conviction und Action (Closing)?

VP: Das Fünf-Schritte-Modell mag vielleicht als Modell darüber taugen, wie man einkauft. Aber als Modell darüber, wie man verkauft, ist es unzureichend. Es ist manipulativ. Wenn man die traditionelle Verkaufsmethodik benutzt, versucht man, den Kunden durch diese fünf Schritte hindurchzumanipulieren. Manipuliert zu werden, verärgert und beleidigt potenzielle Kunden. Außerdem erfordert diese Vorgehensweise viel Zeit und Energie und Erfahrung.

Wenn du mit dem Fünf-Schritte-Modell verkaufen willst, entstehen folgende Probleme:

1. Attention/Aufmerksamkeit:
Wenn man etwas Ungewöhnliches machen muss, um die Aufmerksamkeit eines Kunden zu gewinnen, hat man es meist mit dem falschen Kunden zu tun. Dieser Kunde ist sicher kein High Probability Prospect. So ein Kunde sollte disqualifiziert werden, da er eine niedrige Kaufwahrscheinlichkeit hat. Das schützt den Verkäufer, unnötig Zeit zu verschwenden. Wenn man Menschen etwas anbietet, das sie wirklich haben wollen, schenken sie einem ganz natürlich ihre Aufmerksamkeit.

2. Interest/Interesse:

Eine Menge Zeit wird verschwendet, um uninteressierte Menschen für etwas zu interessieren oder Leute zu langweilen, die bereits interessiert sind. Außerdem gibt es eine Menge interessierter Menschen, die sich nicht als solche zu erkennen geben. Es ist bedeutungslos, wie viel Interesse ein potenzieller Kunde hat. Ob ein potenzieller Kunde offen zugibt, dass er will, was du verkaufst, das zählt!

3. Desire/Verlangen:

Statt für deine Produkte und Dienstleistungen ein Verlangen zu erzeugen, indem du potenziellen Kunden die Eigenschaften und Vorteile aufzeigst, solltest du ihnen vielmehr zeigen, wie deine Produkte und Dienstleistungen ein bereits vorhandenes Verlangen befriedigen. Das sollte man aber nur tun, nachdem sie sich bereits verpflichtet haben, unter bestimmten Bedingungen von dir zu kaufen.

4. Conviction/Überzeugung:

Bei diesem Schritt schaltet der Traditionalist schließlich in den „Kannst-du-das-noch-toppen-Modus". Während du zeigst, erzählst und beweist, fühlt sich der Kunde in seiner Zufriedenheit eingeschränkt und unter Druck gesetzt.

5. Action/Abschluss:

Wenn du am Ende der Präsentation keinen Abschluss erzielst, hast du zu viel Aufwand in ein unwahrscheinliches Ergebnis investiert. Das führt zu großen Enttäuschungen. **Bei HPS ist der gesamte Verkaufsprozess der Abschluss.**

Sal: Ich kenne diesen Ansatz in fünf Schritten, aber ich habe ihn nie als wirklich wirkungsvoll erlebt. Ehrlich gesagt habe ich mich immer unbehaglich dabei gefühlt. Nach einer Weile habe ich mich immer mehr auf meine Abschlusstechniken konzentriert und durch sehr viel Übung meine Abschlussrate verbessert.

VP: Um wie viel?

Sal: Ich habe mich innerhalb der ersten sechs Monate um 20 bis 25 Prozent verbessert. Es erforderte aber sehr viel Übung, Energie und Konzentration. Ich konnte diese Rate nicht aufrecht erhalten.

VP: High Probability Selling zu lernen, erfordert auch viel Übung. Aber wenn man es einmal gelernt hat, dann wird Verkaufen und Vertreiben immer einfacher und natürlicher. Die Abschlussrate und die Weiterempfehlungsrate erhöhen sich ganz von selbst. Es ist dann nicht mehr eine Frage der Konzentration und des Energieeinsatzes. Wenn es einmal drin ist, kann man es. Das ist wie Fahrrad fahren. Es wird ein Teil von dir.

Sal: Du hast mir immer noch nicht erklärt, warum das Fünf-Schritte-Modell falsch ist.

VP: Es ist nicht falsch. Als Modell dazu, wie jemand einkauft, mag es sogar zutreffend sein, aber es taugt nicht als Verkaufsmodell. Die Methodik, die man über Jahrzehnte entwickelt hat, um potenzielle Kunden durch diese fünf Schritte hindurch zum Abschluss zu manipulieren, ist nicht sehr wirkungsvoll.
Wenn du in einer bestimmten Zeitspanne so viele Geschäfte mit Kunden wie möglich abschließen willst, ist es wirkungsvoller, mit den Kunden zu beginnen, die bereits deine Produkte und Dienstleistungen wollen. Daher überspringen wir die ersten vier Schritte und fangen gleich mit dem fünften Schritt Action/Abschluss an. Darauf will man die Aufmerksamkeit des Kunden richten. Wir benutzen dabei

jedoch keine traditionellen Verkaufsansätze. Wir manipulieren nicht. Wir konzentrieren uns immer auf das Abschließen.

Sal: Das hört sich für mich so an, als ob auch ihr zu bewirken versucht, dass der Kunde das tut, was ihr wollt. Nämlich kaufen. Ist das nicht das gleiche Ziel, das auch das traditionelle Verkaufen verfolgt?

VP: Nein, High Probability Selling ist eine komplett andere Methode. Traditionelles Verkaufen versucht den potenziellen Kunden zum Abschluss zu bewegen, ob er will oder nicht. Unser Ziel ist es festzustellen, ob ich und mein potenzieller Kunde eine gemeinsame Basis haben, auf der wir zum beidseitigen Vorteil Geschäfte abschließen können. Wenn nicht, geht man seiner Wege. Wenn es an irgendeinem Punkt kein Vertrauen und keine Verpflichtung mehr gibt, dann stoppt in diesem Moment der gesamte Verkaufsprozess. Wir geben dem potenziellen Kunden von Anfang an, ständig und immer wieder die Gelegenheit, sich selbst zu disqualifizieren. Als Ergebnis entsteht die Sicherheit, dass jeder bekommt, was er will, wenn man gemeinsam durch die drei Phasen unseres Verkaufsprozesses gegangen ist. Die drei Phasen von High Probability Selling sind:

1. High Probability Prospecting/Kundensuche
2. High Probability Selling/Verkaufen
3. High Probability Closing/Abschließen

Sal: Das klingt recht einfach.

VP: Die Prinzipien sind leicht zu lernen. Schwieriger ist, die alten Verkaufsgewohnheiten zu ändern, zum Beispiel Menschen davon überzeugen zu wollen, dass sie das tun, was du von Ihnen willst. Sprich mit unseren Verkäufern. Sie haben alle High Probability Selling gelernt.

Ich bin sicher, dass du dich dafür entscheiden wirst, die traditionelle Verkaufsmethode mit ihrem unverhältnismäßigen Arbeitsaufwand und ihren vielen Enttäuschungen aufzugeben.

Sal: Einen Versuch ist es allemal wert. Aber ich befürchte, es wird nicht leicht, all mein hart erarbeitetes Wissen wieder zu verlernen.

4. High Probability Selling in der Praxis

Als Teil seines Trainingsprogramms begleitet Sal die nächsten Tage zwei Verkäufer von WPC – Sue und Larry – zu Kundenbesuchen. Sie haben bereits für WPC gearbeitet, bevor Victor Preston eingestellt wurde. Er wurde engagiert, um die Vertriebsabteilung zu „revitalisieren". Als VP anfing, waren sie angesichts seines entspannten Verkaufsstils skeptisch. Nachdem er aber einige große Kunden angebracht hatte, wollten sie auch wissen, was er anders macht. Was sie sahen, war so wirkungsvoll, dass sie sich entschieden, High Probability Selling zu lernen.

Sal sieht Sue und Larry bei ihrer Tätigkeit zu. Er hat keine Ahnung, was vor sich geht. Beide Verkäufer haben sehr unterschiedliche Verkaufsstile. Sie unterscheiden sich auch stark von VPs Verkaufsstil. Die einzige Gemeinsamkeit scheint zu sein, dass sie eine Frage nach der anderen stellen. Einige dieser Fragen scheinen sinnlos und andere aufdringlich. Tatsächlich fühlt sich Sal bei manchen Fragen sehr unbehaglich.

Sue nimmt Sal mit auf einen Kundenbesuch. Nach zehn Minuten Fragen und Antworten wird Sue gebeten, ein Angebot für Verpackungen zu erstellen. Sie erwidert, dass dieses Angebot offensichtlich zu keinem Geschäft führen wird. Deshalb werde sie ihre Kalkulationsabteilung nicht bemühen, eines zu erstellen. Umsichtig bereitet sie noch den Boden für zukünftige Geschäfte. Aber statt weiter vorwärtszudrängen, macht sie einen schnellen Abgang.

Sal ist überrascht. Draußen fragt er Sue, was los war. Als sie ihm sagt, es wäre besser, es sich von VP erklären zu lassen, ist er überrascht. Er denkt sich, dass sie vermutlich nicht will, dass VP etwas davon erfährt. Also lässt Sal das Thema fallen. Er fragt, ob High Probability Selling ihre Karriere verändert hat. Sie sagt, dass ihre Provisionseinnahmen stetig gestiegen sind, seit sie nach HPS verkauft. Sie fühle sich viel entspannter bei der Arbeit, erlebe mehr Achtung und Respekt von den Kunden, und habe den Verkaufsprozess insgesamt viel besser unter Kontrolle.

Am nächsten Tag trifft Sal VP. Er fragt ihn, was bei Sue passiert sei. VP erklärt, Sue hätte vollkommen richtig gehandelt. Sie hätte aus Sicht von High Probability Selling so lange wie möglich mit diesem potenziellen Kunden verhandelt. Sobald deutlich wurde, dass er wahrscheinlich nicht kaufen wird, hat sie den Besuch höflich beendet. So vergeudet sie nicht die Mittel der Firma mit einer aussichtslosen Sache. VP betont, Kunden respektieren diesen „keine-sinnlosen-Aktivitäten-Ansatz."

Sal versteht jedoch nicht, warum sich dieser potenzielle Kunde nicht als High Probability Prospect qualifiziert hat. Es sei doch ein gutes Signal, dass dieser Kunde nach einem Angebot fragt.

VP erläutert. Sue war klar, dass mit dieser Firma jetzt oder in der nahen Zukunft kein Geschäft abzuschließen ist. Das war aufgrund dessen klar, was vor der Frage nach dem Angebot gesagt wurde. Außerdem ist dieser Einkäufer unkooperativ und unkommunikativ gewesen. Wahrscheinlich ist Unwille des Einkäufers, eine ehrliche, direkte und offene Diskussion zu führen, der Grund gewesen, der Sue das Meeting beenden ließ.

Sal: Es braucht echte Nerven, um einige der Fragen zu stellen, die Sue stellt. Da ist es kein Wunder, dass sie nicht beantwortet werden.

VP: Du wirst den Wert dieser Fragen erkennen, wenn du sie ausprobierst. Den Wert, nicht weiter zu gehen, wenn man keine ehrliche Antwort erhält. Das ist ein guter Zeitpunkt, dir ein paar wesentliche Prinzipien von High Probability Selling zu erklären. **High Probability Selling ist eigentlich eine Interview-Methode.** Diese ist darauf angelegt, eine gemeinsame Basis herzustellen. Eine Basis, auf der beidseitige Verpflichtungen zwischen dem Verkäufer und Käufer möglich sind.

Die Methode dient der Bestimmung, ob:

1. Der potenzielle Kunde unsere Produkte oder unsere Dienstleistungen **braucht, will und bezahlen kann.**
2. Der potenzielle Kunde bereit ist, seine **Bedingungen der Zufriedenheit** zu definieren und zu bestätigen, dass er unsere Produkte und Dienstleistungen dann kauft, wenn diese Bedingungen von uns erfüllt werden.
3. Der potenzielle Kunde eine **Verpflichtung** hinsichtlich seiner Bedingungen der Zufriedenheit eingeht. Diese müssen so genau, umfassend und unmissverständlich formuliert werden, dass sie alle wesentlichen Einzelheiten abdecken.

Sal: Das ergibt für mich Sinn. Sue hat das Meeting beendet, nachdem sie gefragt hat: „Auf welcher Grundlage, wenn es denn überhaupt eine gibt, wollen Sie, dass wir Ihnen als zweiter Lieferant einen Teil der benötigten Verpackungen liefern?" Der Einkäufer hat sie daraufhin gefragt, was sie damit meine. Sie erwiderte: „Sind richtiger Preis, kurzfristige Liefertermine oder garantierte Qualität Entscheidungsfaktoren?"

Er sagte daraufhin nur: „Machen Sie einfach ein Angebot, das unseren Anforderungen entspricht. Sie werden herausfinden, ob Sie das richtige Angebot gemacht haben, wenn Sie einen Auftrag von uns erhalten." Nach weiteren erfolglosen Versuchen, eine Antwort auf ihre Frage zu erhalten, hat sie das Meeting beendet und ist gegangen.

VP: Sue ist dem Kernprinzip von High Probability Selling gefolgt: Verschwende deine Mittel nicht an Low Probability Prospects, also an Kunden, mit denen du wahrscheinlich kein Geschäft abschließen wirst!

Sal: Wenn wir schon einmal da waren, hätte sie doch bleiben und versuchen können, mit ihm ein Geschäft abzuschließen.

VP: Wenn sie das getan hätte, dann hätte sie sich verpflichten müssen, einen Kostenvoranschlag zu erstellen. Dann hätte unsere Kalkulationsabteilung diesen Kostenvoranschlag berechnen müssen. Unser Abteilungsleiter hätte ihn prüfen müssen. Wir hätten Gestaltungsmuster erstellen müssen. Schließlich wäre Sue beides mit mir als Vertriebsleiter durchgegangen.

Dann wäre sie wieder zum Einkäufer dieses Unternehmens gefahren, um Kostenvoranschlag und Mustermaterial zu präsentieren. Danach hätte sie mindestens einen Folgeanruf tätigen müssen. Der Einkäufer würde sie vermutlich sogar anweisen, den Kostenvoranschlag nochmals zu überarbeiten und ihm weitere Muster zu präsentieren. Das führt bei uns zu einer weiteren Runde Arbeit. Nach diesem Aufwand bleibt die Wahrscheinlichkeit, einen Auftrag zu erhalten, trotzdem sehr gering.

All diese Aktivitäten kosten uns Geld. Sie rauben uns die Möglichkeit, Zeit mit Kunden zu verbringen, die mit hoher Wahrscheinlichkeit jetzt kaufen werden. Durch die Arbeit mit Low Probability Prospects entstehen außerdem **emotionale Belastungen** für den Verkäufer. Das sind versteckte, aber beträchtliche zusätzliche Kosten.

Sal: Was ist mit den vielen Fragen, die unsere Verkäufer stellen? Es scheint mir, dass sie viele sehr persönliche Angelegenheiten erfragen, die ein potenzieller Kunde lieber nicht diskutieren würde.

VP: In einer traditionellen Verkaufssituation hast du vermutlich recht. Dort sind Verkäufer und Kunden Gegner. Es ist schwierig, eine aufrichtige Beziehung zu führen, wenn man es mit seinem Feind zu tun hat. Wenn man einem Jäger als Beute dienen soll. Das Ziel von High

Probability Selling ist, eine durch gegenseitiges Vertrauen und Respekt geprägte Beziehung aufzubauen. Deshalb finden wir heraus, wes Geistes Kind der potenzielle Kunde ist. Als Verkäufer wird man sonst über den Tisch gezogen.

Sal: Heißt das, dass wir nicht weiter mit ihm verhandeln, wenn der potenzielle Kunde nicht offen und ehrlich mit uns ist?

VP: Genau!

Sal: Verdammt! Das widerspricht all meinen bisherigen Schulungen. Mir wurde immer beigebracht, weiterzureden und die Vorteile zu betonen, solange der potenzielle Kunde zuhört. Wenn er anfängt, mit dem Kopf zu nicken und auf positive Fragen mit „Ja" antwortet, ist es an der Zeit, den Abschluss zu machen.

VP: High Probability Selling geht da anders vor. Zuerst klären wir, was genau der potenzielle Kunde will. Wir einigen uns gemeinsam, was genau dieses „Wollen" ist. Was der Kunde will, nennen wir die „Bedingungen der Zufriedenheit". Wenn wir seine Bedingungen der Zufriedenheit für uns gewinnbringend erfüllen können, verhandeln wir danach die gegenseitigen Verpflichtungen. Wir machen glasklar, was jeder von uns zu tun verspricht. Wenn man gegenseitige Verpflichtungen verhandelt, tut man bereits etwas, das man gemeinhin „abschließen" nennt.

Sal: Wir stellen also die ganze Zeit Fragen, anstatt nur zu reden?

VP: Richtig. Alles, was du zu sagen hast, solltest du in eine Frage packen. Der potenzielle Kunde sollte die meiste Zeit reden und deine Fragen beantworten. Je mehr der Kunde redet, desto mehr gewinnen letztlich beide.

Sal: Aber wenn man dem potenziellen Kunden nicht erzählt, welche Möglichkeiten die eigene Firma hat und warum unsere Produkte und Dienstleistungen besser als die der Konkurrenz sind, woher soll er es dann wissen?

VP: Je mehr du versuchst, den Kunden davon zu überzeugen, dass dein Produkt das beste ist, desto mehr Widerstand erzeugst du. Fast alles kann man als Frage formulieren. Solange du Fragen stellst, bleibt der Kunde am Gespräch beteiligt. Ich gebe dir dafür zwei Beispiele:

Du fragst: Bevorzugen Sie es, dass unsere Verpackungen offen oder zusammengefaltet geliefert werden?
Kunde: Liefert WPC sie zusammengefaltet?
Du fragst: Ja. Ist es das, was Sie wollen?

Du fragst: Sind Sie bereit, mehr für geringere Ausschussquoten und Just-in-Time-Lieferungen zu bezahlen?
Kunde: Ja, da wir sonst bei unzureichender Qualität der Verpackungen die Produktion stoppen müssen. Just-in-Time-Lieferungen sind für uns extrem wichtig, weil wir selbst kürzlich auf Just-in-Time-Produktion umgestellt haben. Jetzt halten wir keine Lagerbestände mehr.
Du fragst: Was wollen sie noch?

VP: Der Kunde wird in jedem Fall bereit sein, darüber zu sprechen, ob er offene oder zusammengefaltete Verpackungen bevorzugt oder bereit ist, mehr für geringe Ausschussquoten und pünktliche Liefertermine zu bezahlen. Ein Kunde hat vielleicht einen guten Grund, warum er unsere Produkte nicht will. Sein Produkt eignet sich vielleicht besser für offene Verpackungen. Wenn du dich darauf konzentrierst, was der Kunde zu sagen hat, sind Ideen, wie du ihn unterstützen kannst, mehr als willkommen. Besonders dann, wenn Ideen als Fragen formuliert werden.

Sal: Ich verstehe immer noch nicht, wie und wann ihr abschließt?

VP: Das ist im Moment in Ordnung. Schau dir noch einmal das gerade diskutierte Beispiel an. Da gibt es eine Reihe von Fragen, die du als Abschlussfragen ansehen wirst.

Sal: Vielleicht, aber Informationen gewinnen ist doch nicht abschließen?

VP: Der gesamte Verkaufsprozess nach High Probability Selling ist ein Abschlussprozess. Auf den Kundenbesuchen hast du gemerkt, dass wir Fragen stellen. Wenn wir Antworten erhalten, die es uns erlauben, weiter zu gehen, dann fragen wir nach Verpflichtungen. Wir fragen beispielsweise: „Ist es das, was Sie wollen?" oder „Gibt es noch etwas, das wir diskutieren sollten?" oder „Sind Sie bereit, 10 Prozent Aufschlag für eine Ausführung in Hochglanz zu bezahlen?" oder „Wenn wir Ihnen zeigen, dass wir Ihre Bedingungen erfüllen, was werden Sie tun?"

Sal: Und wann fragst du nach dem Auftrag?

VP: **Wir fragen nie nach dem Auftrag!**

Sal: (Ungläubig) Gut. Benutzt du überhaupt Abschlusstechniken?

VP: Wie ich bereits gesagt habe, ist der gesamte High Probability Selling-Prozess ein Abschlussprozess. Wir wollen stets von Anfang an herausfinden, was nötig ist, um einen Abschluss zu machen. Wir benutzen dafür einen geordneten, gründlichen und professionellen Verkaufsprozess. Unsere Methode legt es darauf an, dass sich der Kunde verpflichtet, mit uns Geschäfte abzuschließen, wenn wir ihm liefern, was er will.

Sal: Angenommen, ein Kunde will das nicht tun?

VP: In diesem Fall haben wir etwas falsch gemacht. Vielleicht haben wir den Kunden nicht rechtzeitig disqualifiziert. Vielleicht sind wir ohne Verpflichtung des Kunden einen Schritt weitergegangen. Wenn wir an den Punkt kommen, an dem der Kunde keine Verpflichtungen mehr eingeht, beenden wir das Meeting und suchen uns jemand anderen. Die Schuld, wenn es denn eine gibt, liegt natürlich bei uns. Wir haben den Kunden nicht richtig eingeschätzt. Oder irgendeine traditionelle „Power-Selling"-Technik ist mit uns versehentlich durchgegangen und hat den Kunden in den Widerstand getrieben. Aber wir fragen nie nach dem Auftrag! Wir verhandeln nur gegenseitige Verpflichtungen. Wenn unsere Firma die Bedingungen der Zufriedenheit des Kunden nicht erfüllen kann, erkennen wir das an. Anschließend machen wir einen schnellen, höflichen Abgang.

Sal: Meinst du zum Beispiel, wenn der Kunde einen Materialtyp braucht, den wir nicht liefern können?

VP: Das ist ein gutes Beispiel. Ein anderes Beispiel ist, wenn der Kunde kurzfristige Lieferungen und niedrige Preise will. Wie du weißt, können wir dem Kunden schnelle Lieferungen und Spitzenqualität garantieren, aber der Preis muss stimmen.

Sal: Wie überzeugst du den Kunden, dass er kurzfristige Lieferungen und Spitzenqualität zu einem höheren Preis will?

VP: Versuche nie den Kunden davon zu überzeugen, dass er braucht und will, was du zu verkaufen hast! Wenn er die Vorteile deines Angebots offensichtlich versteht und er sie trotzdem nicht will, beenden wir das Meeting. Wenn er wirklich will, was du hast, wird er dich nicht gehen lassen.

Sal: Erfordert das nicht eine starke Präsentation?

VP: Nein. Es erfordert die richtigen Fragen. Zum Beispiel: „Sie sagten, Sie wollen eine schnelle Durchlaufzeit. Wie schnell?"

„Sie sagten, Sie wollen das Beste an Versicherung, das man für eine jährliche Prämie von 1500 Euro kaufen kann. Wollen Sie, dass ich für Sie die passende Versicherung heraussuche, oder wollen Sie Ihre eigene Marktforschung inklusive Unternehmensbewertung und Vergleichsanalyse betreiben?"

„Sie sagten, Sie wollen eine schnellstmögliche Lieferung. Sind Sie bereit, einen Aufschlag für die Überstunden zu bezahlen, die nötig sind, um diese Anforderung zu erfüllen?"

Sal: Gut, das klingt wie viele der Abschlussfragen, die man in Verkaufsschulungen lehrt.

VP: Nicht ganz. Die meisten Kunden haben genug Abschlussfragen gehört, um genau zu merken, was du gerade tust. Sie werden es dir übel nehmen. Wir versuchen aufrichtig, die Bedingungen der Zufriedenheit des Kunden herauszufinden. Wir können ihm offen und ehrlich sagen, was wir tun, wenn wir es tun. Der Kunde spürt den Unterschied.

Sal: Wie unterscheiden sich deine Fragen von üblichen Abschlussfragen, wie: „Wollen Sie lieber das Blaue oder das Graue?" oder „Bevorzugen Sie Lieferungen an Dienstagen oder Donnerstagen?"

VP: Bei High Probability Selling stellen wir keine rhetorischen und manipulativen Fragen. Wir stellen Fragen, auf die wir wirklich eine Antwort brauchen.

Sal: Wenn man nur Fragen stellt, wie überzeugt man dann den Kunden, dass er dein Produkt braucht und will?

VP: Erinnerst du dich an den ersten Kundenbesuch mit mir?

Sal: Ja!

VP: Wenn ich mich recht erinnere, warst du der Meinung, dass ich einfach pures Glück hatte, den Auftrag zu erhalten.

Sal: Ich erinnere mich. Ich habe mich gewundert, wie du einfach da sitzen und fragen kannst, was sie tun wollen.

VP: Erinnerst du dich, wie sehr sich Ann zurückgehalten hat, mit mir über etwas anders als die Star Line zu reden. Und mit der sind wir bereits im Geschäft.

Sal: Ja. Aber als sie anfing, über ihre aktuelle Klemme zu sprechen, hättest du sie nach dem Auftrag fragen können?

VP: An diesem Punkt ist sie noch keine Verpflichtung eingegangen, den Anbieter zu wechseln. Tatsächlich hat die Diskussion als Beschwerde begonnen. Nur indem ich Fragen gestellt, ihr Wahlmöglichkeiten gegeben und sie nach Verpflichtungen gefragt habe, haben wir diesen Auftrag erhalten. Und, wie du weißt, sind ihre Anforderungen an die Sun Line ungefähr dreimal höher als an die Star Line.

Sal: Aber warum wartest du darauf, dass sie dir das Geschäft anbietet? Warum fragst du sie nicht einfach nach dem Auftrag?

VP: Dafür habe ich mehrere Gründe. Erstens fragen wir nie nach dem Auftrag. Zweitens hat sie selbst ihre Bedingungen der Zufriedenheit bestimmt, als ich sie fragte, was sie braucht und will. Hätte ich sie bereits vor diesem Punkt nach einer Kaufverpflichtung gefragt und ihre Bedingungen der Zufriedenheit nicht erfüllen können, wäre der gesamte Auftrag in Gefahr geraten. Wenn du bestimmte Bedingungen der Zufriedenheit nicht erfüllen kannst, dann verhandle diese Bedingungen. Wenn du das Problem lösen kannst, dann frage wieder nach einer Verpflichtung. Das habe ich getan, als der Produktmanager zugestimmt hat, zunächst nur vier Verpackungen anstatt alle auf einmal neu zu gestalten.

Wenn du ein Umfeld schaffst, in dem der Kunde das Reden übernimmt, wird er sich höchstwahrscheinlich öffnen. Er wird dir genau erzählen, was er will. Er wird seine Bedingungen der Zufriedenheit eindeutig benennen. Dann musst du nicht mehr irgendwen von irgendetwas überzeugen oder vermuten, was er vielleicht hören will oder irgendwelche Einwände behandeln.

Sal: Warum hast du dann gefragt, ob sie sich sicher ist, dass es das ist, was sie tun will? Ich war mir sicher, dass du damit den Auftrag verlieren wirst.

VP: Kunden haben oft versteckte Einwände und Hintergedanken. Es ist besser, diese Gedanken bereits während des Meetings offenzulegen, statt sie auftauchen zu lassen, nachdem du gegangen bist. Wenn du Kunden versichern lässt, dass du machst, was sie von dir wollen, übernehmen sie die Verantwortung für ihren Auftrag. Später werden sie nicht das Gefühl haben, in etwas „hineingeredet" worden zu sein.

Sal: Ich gebe zu, dass ich überrascht war, wie verständnisvoll und anerkennend die Kunden waren. Das bin ich nicht gewohnt.

VP: Ich weiß. Das passiert nicht, wenn man Menschen unter Druck setzt, selbst wenn man auch so Aufträge bekommen kann.

VP fasst die Kernprinzipien von High Probability Selling für Sal zusammen:

Acht Prinzipien von High Probability Selling

1. Beende das Meeting, wenn du eine Phase des Prozesses nicht abschließen kannst!
Versuche nicht, einen Low Probability Prospect in einen High Probability Prospect zu verwandeln. Investiere deine Zeit lieber in einen Kunden, der bereits ein High Probability Prospect ist.

2. Nutze den Interview-Ansatz!
Um mit dem Verkaufsprozess fortfahren zu können, brauchst du eine grundsätzliche Einigkeit mit dem Käufer. Du weißt, was du anzubieten hast. Aber was will der Kunde? Ihn zu fragen, ist der schnellste und wirkungsvollste Weg, es herauszufinden.

3. Sei gründlich im ersten Meeting!

Menschen beantworten dir fast jede Frage wahrheitsgemäß und vollständig. Die Voraussetzung dafür ist aber, dass sie das Gefühl wahrnehmen, nicht manipuliert zu werden und dass du ihre Antwort wirklich wissen willst. Ich meine damit dieses intuitive Gefühl, dass man über etwas oder jemanden bekommt. Eine innere Reaktion, die ohne jeden Gedanken entsteht. Wenn dein Ansatz ehrlich ist, kann die angesprochene Person dies im Inneren auch spüren. Also müssen deine Fragen aufrichtig sein und dürfen den anderen in keiner Weise bedrohen. Das erste Meeting findet nur einmal statt, frage deshalb nach allem, was du jetzt oder in Zukunft wissen musst.

4. Mach dir Notizen!

Vollständige Notizen sind sehr wichtig. Wenn man die Antworten des Kunden vergisst, kommt man später nur schwer an diese Informationen. Außerdem ist es peinlich, das bereits Gesagte zu vergessen und deshalb noch einmal fragen zu müssen. Etwas zu vergessen kann dich den Auftrag kosten.

Bringe zu jedem Kundenbesuch ein gutes Notizbuch, einen Schreibblock oder einen Fragebogen mit. Lege es zu Beginn des Meetings auf den Tisch. Fang an zu schreiben. Schreib alle Fakten und Meinungen des Kunden über das zu machende Geschäft korrekt und vollständig auf. In drei Monaten kannst du die Lücken nicht mehr auffüllen.

Notizen ermöglichen zweierlei Dinge. Erstens zeigst du dem Kunden, dass du es mit dem Geschäft ernst meinst und zu schätzen weißt, was der Kunde zu sagen hat. Zweitens liefern sie dir die Informationen in ihrer nützlichsten Form, das heißt im exakten Wortlaut des Kunden. Dieser Wortlaut wird unbezahlbar, wenn man die Bedingungen der Zufriedenheit definiert.

5. Höre zu!

Wir stellen Fragen aus einem ganz bestimmten Grund. Wir wollen lernen, was der Kunde weiß und wir nicht. Wenn man fragt, aber nicht zuhört, zerstört man den Sinn des Fragens. Zuhören ist schwierig, außer du bist wirklich an den Antworten interessiert. Dann ist Zuhören leicht. Wenn der Kunde eine Frage nicht vollständig beantwortet, stelle eine weitere Frage, um die Sache zu klären. Manchmal klärt sie sich auf diese Weise auch für den Kunden.

Je gründlicher der Kunde unsere Fragen beantwortet, desto besser begreifen wir, was nötig ist, damit wir mit diesem Kunden ein Geschäft abschließen können. Gleichzeitig bekommen wir eine Idee davon, wie wahrscheinlich wir seine Kaufkriterien befriedigen können und seinen Auftrag erhalten werden.

Denke nicht an die nächste Frage, wenn du dem Kunden zuhörst. Das Denken kommt nach dem Zuhören! Wenn du nicht zuhörst, kannst du nur wenig auf die Antworten des Kunden erwidern. Und wenn du nicht interessiert genug bist, um aufmerksam zuzuhören, wird das der Kunde merken. Er wird dich als Verkäufer ablehnen. Konzentriere dich auf das Zuhören!

6. Rede wenig!

Wann immer der Verkäufer spricht, fühlt sich ein Kunde gewöhnlich unter Druck gesetzt. Dieser Druck erzeugt Fragen, Stellungnahmen und alle Arten von Einwänden zu dem, was der Verkäufer sagt. Er bekommt das Gefühl, dass das, was du zu sagen hast, wichtiger ist als das, was er zu sagen hat. Da er jedoch der Kunde ist, ist das, was er zu sagen hat, immer wichtiger als das, was du zu sagen hast. Verschließe deine Lippen!

Wenn ein Verkäufer mehr als ein Viertel der Zeit spricht, ist das ein deutliches Signal für ein schlecht verlaufendes Meeting. Dann fragen wir uns, warum der Kunde zu wenig antwortet und warum wir zu viel reden. Wir beenden das Meeting, falls wir das Problem nicht lösen können. Es sei denn, wir haben einen deutlichen Hinweis, dass dieser konkrete Kunde von Natur aus sehr schweigsam ist. Meistens ist ein verschlossener Kunde auch ein Kunde mit sehr niedriger Kaufwahrscheinlichkeit.

7. Reagiere nicht auf Ärger: Löse ihn auf oder gehe!

Immer wieder hat man Kunden vor sich, die ärgerlich, sarkastisch, zynisch, depressiv, bedrohlich, beleidigend, feindselig oder in irgendeiner Weise negativ sind. Löse dieses Problem, bevor du weitermachst. Das erfordert viel Selbstkontrolle und die Bereitschaft, eigene Gefühle zurückzustellen.

Unser Ansatz für derart heikle Situationen benötigt eine sachliche Stimme. Sei beim Sprechen weder wertend noch sympathisierend. Bleibe neutral. Benutze dieselbe Stimmlage, mit der du sagen würdest: „Es sieht so aus, als würde es heute bedeckt bleiben."

1. Schritt:
Sie scheinen verärgert zu sein! Meistens wird die Reaktion eine hitzige Erklärung sein, warum man verärgert ist. Üblicherweise beginnt es mit: „Da haben sie verdammt recht. Ich bin verärgert!" Bislang hat sich noch nichts verändert. Der Kunde ist eventuell sogar noch wütender.

2. Schritt:
Sie scheinen noch immer verärgert zu sein. Sage es mit einer neutralen, sachlichen Stimme, ohne das „noch immer" zu betonen. Bleibe sachlich. Der Kunde beruhigt sich jetzt vielleicht oder ist immer noch aufgebracht.

3. Schritt:

Vielleicht sollten wir ein andermal weiter diskutieren. An diesem Punkt sagen die meisten Kunden, dass es ihnen gut ginge, selbst wenn dies nicht der Fall sein sollte.

4. Schritt:

Führe die Besprechung weiter, solange der Kunde ruhig bleibt. Falls er sich wieder aufzuregen beginnt, gehe zurück zu Schritt 1. Sprich mit einer flachen und neutralen Stimme. Falls dies auch nicht funktioniert, gehe weiter zu Schritt 5.

5. Schritt:

„Ich bin nicht bereit, diese Besprechung fortzuführen. Jetzt weiter zu diskutieren, dient weder Ihnen noch mir. Wollen Sie, dass wir einen neuen Termin ausmachen ... oder nicht?"

Sal: Beide Verkäufer, mit denen ich unterwegs war, haben das gemacht. Ich dachte, sie hätten einen lockeren Arbeitsstil: Fragen stellen, Notizen machen, nicht viel sagen und den Kunden reden lassen. Für mich sah es nicht sehr überzeugend und dynamisch aus. Sie wirkten auf mich viel zu lässig. Jetzt begreife ich, dass diese Lässigkeit tatsächlich ein Teil von High Probability Selling ist.

VP: Gut. Nur nebenbei, wie erfolgreich waren sie?

Sal: Sie sind mit Aufträgen herausgelaufen, die ich für vollkommen unerreichbar gehalten habe. Einige Kunden haben sogar zunächst gesagt, dass sie nicht interessiert seien. Verstößt das nicht gegen das Prinzip, keine Zeit mit Low Probability Prospects zu verschwenden, wenn man sich mit Kunden unterhält, die behaupten, nicht interessiert zu sein?

VP: Gute Frage. Du verstehst, wo wir mit dir hinwollen. Die Antwort betrifft einen der subtilen Aspekte von High Probability Selling.

8. Antworte nicht auf einen „Non-Sequitur"!

Die Aussage „Ich bin nicht interessiert" ist ein Non-sequitur (aus dem Lateinischen: „Es folgt nicht"). Ein Non-sequitur ist eine Antwort, die auf eine Frage folgt, sie aber nicht wirklich beantwortet. Die Abfolge ergibt keinen Sinn. Der Inhalt geht am Thema der Frage vorbei. Kunden antworten in Verkaufssituationen häufig auf diese Weise, um sich zu schützen.

Sal: Muss ich denn nicht irgendetwas erwidern, wenn mir ein Kunde sagt, dass er nicht interessiert ist?

VP: Nein. Der Kunde hat nicht wirklich etwas gesagt oder gefragt, dass eine Antwort von dir erfordert. Es ist, als ob er sich räuspern oder husten würde. Was er sagt, ist nur Geräusch.

Sal: Ich dachte, du beendest das Gespräch, wenn Kunden negativ werden?

VP: Ein weiterer feiner Unterschied. Geräusche disqualifizieren einen Kunden nicht, selbst wenn sie negativ klingen.

Sal: Das musst du mir erklären.

VP: Gut. Nehmen wir an, du fragst einen Kunden, ob er die verantwortliche Person ist, um Anbieter von Verpackungen auszusuchen. Wenn dieser Kunde sagt: „Ich bin an neuen Anbietern nicht interessiert", dann hat er deine Frage nicht beantwortet.

Sal: Okay, er hat meine Frage nicht beantwortet. Aber ich kann doch nicht ignorieren, was er gerade gesagt hat.

VP: Doch, kannst du. Du kannst es wie ein Geräusch behandeln und zur Klärung fragen: „Herr Kunde, heißt das, dass die Auswahl von Anbietern von Verpackungen in ihrer Verantwortung liegt, oder kümmert sich jemand anderes darum?"

Sal: Angenommen, er sagt, er sei derjenige, der diese Entscheidung trifft und an einem neuen Anbieter nicht interessiert ist.

VP: Dann behandelst du den Non-Sequitur-Teil der Antwort weiter als Geräusch. Du fragst etwas wie: „Herr Kunde, die meisten unserer Kunden haben für jede ihrer Produktionslinie nicht mehr als zwei Anbieter für Verpackungen. Halten Sie es in gleicher Weise?"

Sal: Jetzt verstehe ich es. Solange der Kunde deine Fragen beantwortet, machst du dir über die anderen Dinge keine Sorgen.

VP: Du machst Fortschritte. Bleibt er im Gespräch und beantwortet er deine Fragen, besteht eine gute Chance, dass er seinen Widerstand irgendwo auf dem Weg fallen lässt. Wenn er jedoch anderseits deutlich macht, dass er nicht braucht, will oder bezahlen kann, was wir verkaufen, darfst du das nicht ignorieren. Du hast gerade einen echten Low Probability Prospect vor dir.

Sal: Woran erkenne ich Low Probability Prospects noch?

VP: Enthusiasmus. Ein High Probability Prospect ist gewöhnlich zugänglich und begeistert von dem, was du anbietest. Ein Low Probability Prospect ist das nicht.

Sal: Wann werde ich das selbst bei echten Kunden ausprobieren können?

VP: Zunächst rufst du potenzielle Kunden an. Dabei bekommst du gleich etwas Übung in High Probability Prospecting. Danach besuchst du die gefundenen High Probability Prospects. Wenn wir dich potenzielle Kunden am Telefon anrufen lassen, schlagen wir zwei Fliegen mit einer Klappe. Morgen startet dein Telefontraining mit Sue.

5. Kunden finden am Telefon

Am nächsten Tag beginnt Sal Esmans Telefontraining bei Sue Green. Neukunden am Telefon zu akquirieren, ist nicht Sals Leidenschaft. Er findet es mühsam, frustrierend und generell deprimierend. Schon der Gedanke an die Neukundenakquise erzeugt quälende Gefühle in ihm.

Als Sal schließlich Sues Büro betritt, befürchtet er einen äußerst strapaziösen und unerfreulichen Tag. Sue sagt ihm, er solle sich noch eine Tasse Kaffee holen und ein bisschen entspannen, während sie ihren Schreibtisch aufräumt. Er wartet, während sie ihre E-Mails durchgeht und mehrere Kostenvoranschläge und Angebote für die Kalkulationsabteilung vorbereitet. Für Sal sieht es danach aus, als würde Sue versuchen, den Beginn des Telefonierens so lange wie möglich hinauszuzögern. Das kann er durchaus nachvollziehen. Nachdem sie ihre Aufgaben erledigt hat, nimmt sie eine Telefonliste zur Hand und ruft das erste Unternehmen an.

Sue: Hallo. Hier spricht Sue Green von WPC Verpackungen. Ich brauche Ihre Hilfe. (Pause) Wer ist in Ihrem Unternehmen für das Design von Verpackungen verantwortlich? (Pause) Okay, wie buchstabiert man den Nachnamen Ihres Vertriebsleiters? (Pause) Ok, Jackson, und wie lautet sein Vorname? Danke. Ist er jetzt zu erreichen? (Pause) Vielen Dank für Ihre Hilfe. (Pause)
Hallo. Hier spricht Sue Green von WPC Verpackungen. Mit wem spreche ich? Hallo Doris. Ich brauche Ihre Hilfe. Ich bin nicht sicher, ob ich mit Bob Jackson oder jemand anderem sprechen soll. Ist Bob Jackson bei Ihnen für die Produktverpackungen zuständig? (Pause) Oh, jedes Produkt hat einen Produktmanager, der die Produktverpackungen für seine eigene Linie abwickelt. Wie lauten ihre Namen? (Pause) Markus Stern und Gerhard Sikowski? Vielen Dank für Ihre Hilfe. Ich werde beim nächsten Besuch Ihrer Firma bei Ihnen vorbeischauen. Auf Wiederhören. (legt auf)

Sal: Warum hast du nach dem Vertriebsleiter gefragt?

Sue: In vielen Firmen werden die Telefonzentrale, das Sekretariat und die persönlichen Assistenten angewiesen, keine Namen herauszugeben mit Ausnahme des Vertriebsleiters. Falls dieser nicht erreichbar ist, kannst du immer mit jemandem aus dem Vertrieb oder Verkauf sprechen.

Sal: Das scheint alles sehr einfach zu sein. Aber warum hast du nicht versucht, direkt mit Bob Jackson zu sprechen? Du hattest seine Sekretärin doch schon am Apparat.

Sue: Weil ich meine Zeit verschwende, wenn ich mit der falschen Person spreche.

Sal: Aber du weißt doch, dass der Vertriebsleiter letzten Endes in jede Änderung des Verpackungsdesigns einbezogen wird.

Sue: Das ist vermutlich richtig. Wenn Jackson am Entscheidungsprozess beteiligt ist, werde ich ihn früh genug einbeziehen. Meine oberste Priorität ist, die Person einzubeziehen, welche im wesentlichen die Entscheidungen über unsere Verpackungen trifft.

Sal: Aber du hättest doch durch ein Gespräch mit dem Vertriebsleiter wichtige Hintergrundinformationen über das Unternehmen erfahren können, beispielsweise ihre Vertriebsphilosophie oder Informationen über ihre Produktlinien.

Sue: Es ist nicht nötig, dies bereits jetzt in Erfahrung zu bringen. Zuerst will ich herausfinden, ob es sich um einen High Probability Prospect handelt, also um einen Kunden, der mit sehr hoher Wahrscheinlichkeit von mir kauft.

Sal: Na dann. Rufst du die anderen Produktmanager auch an? Oder emailst du ihnen zuerst Informationen, Broschüren und Muster?

Sue: Ich werde Sie alle in ein paar Minuten anrufen. Was das Versenden von Informationen per E-Mail betrifft, so verschicken wir für gewöhnlich keine unerwünschten E-Mails. Das ist eine Form von SPAM. Wir beschränken uns pro Jahr auf drei bis vier Mailings per Post. Wir verschicken Informationen nur dann per E-Mail, wenn wir die ausdrückliche Erlaubnis dazu haben.

Ein paar Minuten später ruft Sue bei Markus Stern, einem der drei Produktmanager, an.

Sue: Hallo Herr Stern. Hier spricht Sue Green von WPC Verpackungen. Wir fertigen selbsttragende Verpackungen mit hochwertigen Displays an, die flach gepackt werden und im Handumdrehen aufgebaut sind. Ist das etwas, das Sie für Ihre Produktlinie wollen?
(Pause) Bedeutet das, dass Sie **jetzt** nicht bereit sind, etwas zu ändern beziehungsweise auch gar nicht planen, später etwas zu ändern?
… wenn Sie nicht wollen, dass ich Sie wieder anrufe, ist das in Ordnung … sagen Sie es einfach. (Pause) Klar, ich werde in ungefähr drei Wochen wieder anrufen. Werden wir dann einen Termin vereinbaren oder …? (Pause) Okay, und auf welches Ziel wollen wir hinarbeiten, wenn wir uns treffen? (Pause) Okay, ich werde einige Muster dieses Materialtyps mitbringen, damit wir uns leichter auf ein Pilotprojekt einigen können. Lassen Sie uns einen vorläufigen Termin ausmachen.

Ich werde Sie dann einen Tag vorher anrufen, um den Termin zu bestätigen. Ist das in Ordnung? (Pause) Welche Uhrzeit passt Ihnen? (Pause) Neun Uhr hört sich gut an. Soll Bob Jackson auch dabei sein? (Pause) Okay, bis dann. Auf Wiederhören!

Sal: Wie kannst du das so sagen?

Sue: Was sagen?

Sal: Wie kannst du sagen, es sei in Ordnung, wenn er nicht will, dass du ihn wieder anrufst?

Sue: Es ist in Ordnung. Ich will meine Zeit nicht mit jemandem verschwenden, der nicht will, was ich verkaufe, oder der aus welchen Gründen auch immer nicht mit mir sprechen will.

Sal: Nun, du hast Glück, dass er jetzt einige Änderungen bei seinen Verpackungen vornehmen will.

Sue: Das hat nichts mit Glück zu tun. Er hat im Hinterkopf eine Idee, für die er möglicherweise eine neue Form der Verpackung braucht. Er hat durch meine Vorgehensweise verstanden, dass ich keine Zeit in Überzeugungsarbeit investieren werde. Das hat seine Aufmerksamkeit geweckt. Deshalb hat er die Gelegenheit ergriffen, sich mit mir zu treffen. Wenn du direkt und ehrlich mit Leuten über deine Bedingungen und Anforderungen sprichst, dann werden sie sehr wahrscheinlich auch direkt und ehrlich mit dir umgehen. Und das erspart dir eine Menge ansonsten verschwendeter Zeit.

Sal: Ich finde es ziemlich aufdringlich, mit einem Kunden, den du nie zuvor getroffen hast, über ein Pilotprojekt zu sprechen.

Sue: Das war nicht „aufdringlich". Ich war direkt und ehrlich, das hat er gemerkt. Die Wahrheit funktioniert in geschäftlichen Situationen einfach gut. Sie macht sich auch sonst überall bezahlt. Außerdem werde ich nicht für Höflichkeitsanrufe und Networking bezahlt.

Der nächste Produktmanager Gerhard Sikowski ist nicht erreichbar. Sue ruft die nächste Firma auf ihrer Liste an.

Sue: Hallo, Richard Charles bitte. (Pause) Hallo Herr Charles. Hier spricht Sue Green von WPC Verpackungen. Wir haben vor sechs Wochen miteinander gesprochen. Sie hatten mir vorgeschlagen, dass ich Sie diese Woche anrufe und frage, ob Sie die Budgetzusage für geänderte Verpackungen erhalten haben. Sie sagten, falls Sie in der Lage wären, die Budgetzusage zu erhalten, würden Sie auf selbsttragende Verpackungen mit hochwertigen Displays umsteigen, die flach gepackt werden und im Handumdrehen aufgebaut sind … oder nicht? (Pause) Bedeutet das, Sie behalten Ihre derzeitigen Verpackungen bei, oder wollen Sie, dass ich Sie in der Zukunft nochmals darauf anspreche? (Pause) Nein, okay. Gibt es in Ihrem Unternehmen noch eine Person, mit der ich über Verpackungen sprechen sollte, zum Beispiel über Verpackungen für andere Produktlinien ihrer Firma? (Pause) Nein, okay. Sollen wir Sie weiterhin in unserer Mailingliste führen? (Pause) Okay, ich rufe Sie an, wenn wir Neuentwicklungen für Sie haben. Auf Wiederhören.

Sal: Warum hast du ihm nicht gesagt, dass wir Produkte haben, die zu seinen jetzigen Erfordernissen passen?

Sue: Weil er im Moment nicht gesprächsbereit ist. Ich bin nicht bereit, Zeit aufzubringen, um ihn zu etwas zu bringen, was er nicht tun will.

Sal: Was meinst du damit?

Sue: Er ist kein High Probability Prospect. Er wird jetzt mit ziemlich sicherer Wahrscheinlichkeit nichts von uns kaufen.

Sue ruft einen weiteren Kunden auf ihrer Liste an.

Sue: Hallo, spreche ich mit Herrn Arson? Hier spricht Sue Green von WPC Verpackungen. (Pause) Oh, ich verstehe, dass Sie viel zu tun haben …möchten Sie, dass ich Sie ein andermal anrufe? (Pause) Herr Arson, es ist in Ordnung, wenn Sie nicht mit mir sprechen wollen. Sagen Sie es einfach und ich rufe Sie nicht mehr an. (Pause) Oh, ich verstehe … nach Ihrem Urlaub. Wann kommen Sie zurück? (Pause) Am Mittwoch … ich rufe Sie in der Woche darauf am Montag an. Wir können dann einen Termin vereinbaren. Okay, auf Wiederhören!

Sal: Mensch! Du bist knallhart. Du hast nicht einmal gewinselt, als du ihm sagtest, es wäre in Ordnung, wenn er nicht mit dir sprechen will. Was hättest du getan, wenn er gesagt hätte, dass er nicht wieder angerufen werden möchte?

Sue: Was denkst du? Ich hätte genau getan, was er wollte. Später hätte ich diesen Kunden eventuell von jemand anderem anrufen lassen.

Sal: Na ja, du hast ihn praktisch eingeladen, dich loszuwerden.

Sue: Nein, es war eine direkte Aufforderung. Wenn dieser Mann mit mir keine Geschäfte abschließen will, dann bin ich besser dran, wenn ich das weiß, bevor ich meine Zeit in ihn investiere.

Sal: Warum hättest du ihn später von jemand anderem anrufen lassen, obwohl er dir gesagt hat, dass er nicht zurückgerufen werden will?

Sue: Weil er sich noch nicht disqualifiziert hat!

Sal: Warum nicht? Was muss ein Kunde tun, um disqualifiziert zu werden?

Sue: Er muss anzeigen, dass er nicht bereit, gewillt und imstande ist, zu kaufen, was wir ihm anbieten.

Sal: Ich schätze, du bleibst entspannter, wenn du diejenige bist, die qualifiziert.

Sue: Da verwechselst du etwas. **Ich bin diejenige, die disqualifiziert.** Der Kunde ist derjenige, der sich durch die Beantwortung meiner Fragen qualifiziert. Deshalb will ich aufrichtige Antworten. Ich führe Kunden nicht hinters Licht, um an Termine zu kommen. In einigen Verkaufstrainings vermitteln sie dir, „wie man den Termin verkauft". Mach das nicht! Du willst dich letztendlich nur mit voll qualifizierten High Probability Prospects treffen, also mit potenziellen Kunden, die jetzt mit hoher Wahrscheinlichkeit von dir kaufen werden. Mit sonst niemandem.

Sal: Du hast gesagt, man solle seine Zeit nicht mit Low Probability Prospects verschwenden. Also mit Kunden, die nur mit sehr geringer Wahrscheinlichkeit von mir kaufen wollen. Willst du damit sagen, dass es viele High Probability Prospects gibt?

Sue: Oh, ja! Es gibt jede Menge Kunden für uns. Viel mehr als unsere gesamte Vertriebsabteilung in drei Jahren je besuchen könnte. **Die Zahl an High Probability Prospects ist jedoch zu jedem beliebigen Zeitpunkt sehr klein. Es gibt nur wenige, die gerade jetzt etwas kaufen wollen und können. Unsere Aufgabe als Verkäufer ist es, genau diese wenigen zu identifizieren.** Deshalb rufen wir in kurzer Zeit so viele Kunden wie möglich an, um die wenigen Kunden mit hoher Kaufwahrscheinlichkeit aus der Masse unserer Zielgruppe herauszufiltern. Investiere deine Zeit nur in diese Kunden. Disqualifiziere alle anderen für diesen Moment. Du kannst sie später wieder anrufen.

Hier sind einige Informationen, damit du besser verstehen kannst, wovon ich gerade spreche:

Der Dis-Qualifizierungs-Prozess

Prospecting/Kundensuche:
Ziel ist, dass man seine Verkaufszeit ausschließlich mit Kunden verbringt, die brauchen, wollen und bezahlen können, was wir verkaufen. Also mit Kunden, die **jetzt** bereit und gewillt sind, unsere Produkte und Dienstleistungen zu kaufen. Denk immer daran, dass wir nicht mit jedem beliebigen potenziellen Kunden einen Termin vereinbaren. Wir verabreden uns nur, wenn der Kunde deutlich anzeigt, dass er braucht und will, was wir anbieten. Wenn das der Fall ist, dann wird der Kunde darauf erpicht sein, mit uns zu sprechen.

Wir verkaufen keine Termine. Während des Gesprächs geben wir dem Kunden jede Gelegenheit, sich selbst zu dis-qualifizieren. Aus diesem Grund wird dieser Teil des Verkaufsprozesses „Dis-Qualifizierung" genannt. Bevor du dich mit einem Kunden verabredest, kläre diese Fragen:

Will der Kunde unser Produkt/unsere Dienstleistung?
Will der Kunde einen Termin mit uns vereinbaren?
Wenn nicht jetzt, wann dann?
Wenn nicht jetzt, will er, dass wir wieder Kontakt aufnehmen?
Warum will der Kunde uns gerade jetzt treffen?
Was will er in dem Treffen mit uns erreichen?

Es gibt noch eine Reihe weiterer Fragen zur Dis-Qualifizierung. Verkäufer, die mehr und mehr Prospecting-Anrufe tätigen, werden immer geschickter, Fragen zu stellen, die Low Probability Prospects schnell und eindeutig identifizieren und ausschließen.

Sal: Wenn du Low Probability Prospects fragst, ob sie von dir angerufen werden möchten, warum fragst du dann noch „Was möchten Sie durch ein Treffen mit mir erreichen?"

Sue: Nur weil jemand mit einer niedrigen Kaufwahrscheinlichkeit anfängt, heißt das nicht, dass es für immer dabei bleiben muss. Du musst Kunden die Möglichkeit geben, sich in näherer Zukunft zu qualifizieren.

Sal: Wäre es nicht sinnvoller, den Kunden bereits jetzt besser kennenzulernen und eine Geschäftsbeziehung mit ihm aufzubauen? Vor allem, wenn es den Anschein hat, dass seine Kaufwahrscheinlichkeit bald steigen wird?

Sue: Warum glaubst du, dass Kunden für ein Gespräch mit dir offen sind, wenn noch kein zwingender Grund für sie besteht, unsere Produkte und Dienstleistungen zu kaufen?

Sal: Ich glaube nun einmal, dass es eine gute Vorgehensweise ist.

Sue: Ich bin vermutlich bereit, mich mit Kunden zu treffen, wenn diese aufrichtig den Wunsch äußern, mich sehen zu wollen. Und es wahrscheinlich ist, dass sich jetzt oder in näherer Zukunft eine geschäftliche Beziehung aus meinem Kundenbesuch ergibt. Das müssen Kunden aber sehr deutlich machen.

Sal: Was erreichst du damit, dich rar zu machen?

Sue: Ich mache mich nicht rar. Ich bin einfach nicht bereit, mich mit Kunden abzugeben, die keine Verpflichtungen eingehen wollen.

Sal: Victor benutzt ständig dieses Wort. Was meinst du mit Verpflichtungen?

Sue: Verpflichtungen sind das zentrale Thema von High Probability Selling. Wir verpflichten uns nur dann, unsere Ressourcen für einen Kunden bereitzustellen, wenn diese auch mit uns eine Verpflichtung zum Kauf eingehen. Ich bin sicher, Victor wird das noch detailliert mit dir diskutieren. All unsere Verkäufer gehen mit Kunden wechselseitige Verpflichtungen ein. Wie man geschäftliche Verpflichtungen aushandelt, darum geht es in High Probability Selling.

Sal: Erzähl mir mehr davon.

Sue: Das geht jetzt gerade nicht. Frag Victor, wenn du ihn heute Nachmittag siehst. Meine Aufgabe ist, dir zu zeigen, wie ich High Probability Prospects am Telefon identifiziere. Ich soll es dir nicht erzählen.

Sue wählt eine weitere Nummer.

Sue: Hallo Herr Lando. Hier spricht Sue Green von WPC Verpackungen. Wir fertigen selbsttragende Verpackungen mit hochwertigen Displays an, die flach gepackt werden und im Handumdrehen aufgebaut sind. Wollen Sie so etwas für Ihre Produktlinie? (Pause) Bedeutet das, dass Sie mit unserem Verpackungen vertraut sind oder nicht? (Pause) Okay, auf Wiederhören!

Sal: Was ist passiert? Dieser Anruf hat nicht einmal dreißig Sekunden gedauert.

Sue: Er sagte: „Es geht Sie nichts an, womit ich vertraut bin!" Er hat sich auf Anhieb disqualifiziert, weil er nicht bereit ist, mit mir zu sprechen.

Sal: Aber du hättest doch etwas sagen können, dass ihn für unsere Produkte und Dienstleistungen begeistert.

Sue: Ja, möglicherweise. Aber ich bin nicht bereit, meine Zeit damit zu verschwenden, eine Kreuz-Sechs davon zu überzeugen, dass sie in Wahrheit ein Herz-Ass ist. Deshalb habe ich ihn schnellstmöglich ausgeschlossen.

Sal: Was meinst du damit, „eine Kreuz-Sechs davon zu überzeugen, dass sie in Wahrheit ein Herz-Ass ist"?

Sue: Stell dir vor, ich gebe dir einen Satz Karten. Zugedeckt, mit der Bildseite nach unten. Du bekommst fünf Euro für jedes Ass, dass du in den nächsten zwei Minuten findest. Angenommen, die erste Karte, die du aufdeckst, ist eine Kreuz-Sechs. Wie viel Zeit wirst du investieren, diese Kreuz-Sechs davon zu überzeugen, dass sie in Wahrheit ein Herz-Ass ist?

Sal: Dieser Vergleich hinkt. Ich habe schon Leute von meinem Produkt überzeugt, obwohl sie mir sagten, dass sie es nicht bräuchten. Letzten Endes haben sie dann doch von mir gekauft.

Sue: Deshalb verdienen Spielkasinos so viel Geld mit Spielautomaten. Die Leute werfen Geld ein, weil sie auf den zufälligen Gewinn hoffen. Aber wenn man sich etwas mit Spielautomaten auskennt, weiß man, dass man alles Geld, das man einwirft, irgendwann verlieren wird. Spielautomaten sind auf diese Weise programmiert.

Sal: Willst du damit sagen, dass es grundsätzlich ein Verlustgeschäft ist, wenn man versucht, „den Termin zu verkaufen"?

Sue: Ja, es sei denn, du wirst nach der Zahl vereinbarter Termine bezahlt, egal ob du etwas verkaufst oder nicht. „Den Termin zu verkaufen" ist ein Ansatz, der zum Scheitern verurteilt ist.

Sal: Aber, was ist mit „Networking", „Einen guten ersten Eindruck machen" und „die Persönlichkeit des Kunden einschätzen"? Was ist damit?

Sue: Das sind hervorragende Ansätze, wenn du dich für das Amt eines Politikers bewirbst. Aber bei der Suche nach Kunden verschwendest du damit deine Zeit. Der zentrale Punkt von High Probability Prospecting ist: **Verabrede dich ausschließlich mit Kunden, die sich als High Probability Prospects qualifizieren!**

Sue: Das hört sich fast zu einfach an. Wo bleibt der heroische Kampf, wenn man nicht ständig versucht, jemanden zu einem Termin zu überreden?

Sue: Genau das ist die Absicht.

Sal: Und wenn der Kunde „Nein" sagt, fühlst du dich viel weniger zurückgewiesen und erfolglos, wenn du erst gar nicht versuchst, Leute zu einem Termin zu überreden. Du versuchst nur Kunden zu finden, die mit hoher Wahrscheinlichkeit von dir kaufen.

Sue: Das ist richtig. Du fühlst dich ständig zurückgewiesen, wenn du versuchst, zu überreden und zu überzeugen. Aber du fühlst dich nicht zurückgewiesen, wenn du versuchst, zu finden.

Sue führt noch einige ergebnislose Telefonate. Sie erreicht ihre Ansprechpartner nicht. Schließlich hat sie Jack Magnum in der Leitung.

Sue: Hallo Herr Magnum. Hier spricht Sue Green von WPC Verpackungen. Wir fertigen selbsttragende Verpackungen mit hochwertigen Displays an, die flach gepackt werden und im Handumdrehen aufgebaut sind. Wollen Sie so etwas für Ihre Produktlinie? (Pause) Wollen Sie diese Art der Verpackung für Ihre Linie oder nicht? (Pause) Ja, diese Art der Verpackung ist teurer als solche aus flacher Wellpappe. Sind Sie bereit, mehr Geld für verbessertes Erscheinungsbild am Point-of-Purchase auszugeben? (Pause)
Möchten Sie einen Termin vereinbaren, um herauszufinden, ob Sie durch den Einsatz von WPC Verpackungen Ihre Abwicklungs-, Fertigungs- und Lagerungskosten reduzieren können? (Pause) Was werden Sie tun, falls unsere Verpackungen Ihren Kriterien der Zufriedenheit entsprechen? (Pause) Wann wollen Sie mich treffen? (Pause) Am Dienstag Vormittag habe ich bereits um halb elf einen Termin. Können wir uns Dienstag Nachmittag treffen? Okay, dann bis Dienstag Nachmittag. Auf Wiederhören!

Sal: Mensch! Soviel zum Thema „Verpflichtungen eingehen". Ich kann nicht glauben, dass du einen Kunden, den du noch nie zuvor gesehen hast, der noch nicht einmal unsere Produkte gesehen hat, gefragt hast, was er tun wird?

Sue: Erinnere dich, was ich dir über Verpflichtungen gesagt habe. Ich bin nur bereit, mich mit jemandem zu verabreden, wenn ich seine Verpflichtung habe, mit mir ins Geschäft zu kommen, falls unsere Verpackung seinen Kriterien entspricht.

Der nächste Name auf Sues Liste ist Susanne Kaplan.

Sue: Hallo Frau Kaplan. Hier spricht Sue Green von WPC Verpackungen. Wir fertigen selbsttragende Verpackungen mit hochwertigen Displays an, die flach gepackt werden und im Handumdrehen aufgebaut sind. Wollen Sie so etwas für Ihre Produktlinie? (Pause) Bedeutet das, Sie wollen selbsttragende Verpackungen mit hochwertigem Display, die flach gepackt werden und sich im Handumdrehen aufbauen lassen … oder nicht? (Pause) Angenommen, wir können dieses Problem beheben, würden Sie sich dann für diese Art der Verpackung entscheiden … oder nicht? (Pause) Sind Sie sicher? (Pause) Wollen Sie einen Termin vereinbaren und herausfinden, ob unsere Verpackung für Sie das Richtige ist? (Pause) Was werden Sie tun, falls unsere Verpackungen Ihren Kriterien entsprechen? (Pause) Wann wollen Sie sich verabreden? (Pause) Am Mittwoch um neun Uhr. Okay, bis dann. Auf Wiederhören!

Sal: Das „oder nicht" hört sich sehr harsch an. Ich zucke jedes Mal zusammen, wenn du sagst: „Wollen Sie so etwas, oder nicht?".

Sue: Für einen High Probability Prospect klingt es nicht harsch. Genau genommen erleichtert es dem Kunden die Entscheidung, „Ja" zu sagen. Wenn du Kunden wirklich die Alternative gibst, „Nein" zu sagen, vermeidest du Widerstand und forderst vom Kunden, für seine weiteren Handlungen verantwortlich zu sein. Kunden werden viel offener und ehrlicher mit dir umgehen, wenn sie merken, dass du ein „Nein" als Antwort akzeptierst. Du kannst dich nicht auf dein Bauchgefühl verlassen! Deine Intuition sagt dir vermutlich, dass es negativ und provokativ klingt, ein „oder nicht" zu ergänzen. Dass es die Wahrscheinlichkeit erhöht, ein „Nein" als Antwort zu erhalten. Tatsächlich passiert genau das Gegenteil.

Sal: Warum hast du Frau Kaplan immer wieder gefragt, ob sie unsere Verpackung will? Es hat sich für mich so angehört, als ob sie mehr wissen wollte und du ihr die Informationen nicht geben wolltest.

Sue: Sie hat mich nach Preis und Lieferbedingungen gefragt. Ich lege diese Informationen Kunden erst offen, wenn ich sicher bin, dass sie wollen, was wir verkaufen. Stelle immer zuerst fest, ob der Kunde will, was du anbietest! Gehe erst dann einen Schritt weiter!

Sal: Was passiert, wenn der Kunde sich nicht entscheiden kann, ob er unser Produkt kaufen will, bis nicht eine wichtige Frage beantwortet wurde?

Sue: Dann beantwortest du diese Frage. In der Regel kannst du sie beantworten, indem du fragst: „Angenommen, wir können diese Probleme beheben, ist das etwas, dass Sie wollen, oder nicht?"

Sal: Warum begrüßt du Kunden zu Beginn des Telefonats immer auf die gleiche Weise?

Sue: Meinst du, „Hier spricht Sue Green von WPC Verpackungen. Wir fertigen selbsttragende Verpackungen mit hochwertigen Displays an, die flach gepackt werden und im Handumdrehen aufgebaut sind. Wollen Sie so etwas für Ihre Produktlinie"?

Sal: Ja. Warum sagst du es so und nicht anders?

Sue: Das Konzept besteht darin, zu Beginn des Gesprächs unser Angebot kurz und prägnant zu umreißen. Wir nennen das: „das Angebot in Worte fassen". Es hat mich drei Runden Testanrufe bei Kunden gekostet, bis ich mein Angebot so klar und präzise in Worte fassen konnte.

Aufgrund der Reaktionen meiner Kunden feile ich immer weiter an meinem Angebot. Jetzt hat es nur noch 31 Wörter. Je kürzer das Angebot ist, desto besser sind die Ergebnisse.

Sal: Ich würde es nicht in gleicher Weise formulieren.

Sue: Kein Problem. Dein Angebot muss deinen Stil widerspiegeln und für dich einen Sinn ergeben. Du wirst früh genug feststellen, ob die von dir gewählten Wörter und Formulierungen funktionieren, oder nicht. Wenn Kunden dich nicht verstehen oder dir gegenüber abweisend erscheinen, solltest du dein Angebot neu formulieren. Die meisten Anfänger tendieren dazu, Angebote zu lang und kompliziert zu formulieren. Gebrauche nicht mehr als 45 Wörter. Wenn du es ausprobierst, bekommst du ein Gefühl für gute Angebote.

Sal: Warum wählst du für jedes Gespräch die gleiche Stimmlage?

Sue: Deine Wortwahl ist nicht das Einzige, das Widerstand erzeugen kann. Vor allem eine „überzeugend wirkende Stimmlage" führt bei Kunden zu Abwehr und Ablehnung. Präsentiere dein Angebot in einem neutralen Tonfall. Das ist wichtig. Tatsächlich solltest du beim Telefon-Prospecting alles in einem neutralen, sachlichen Ton sagen. Alles, was man mit der Stimme hinzufügt, kann Widerstand, Ablehnung und Abwehr erzeugen. Halte es einfach und sachlich.

Sal: Es ist Mittagszeit. Was hältst du von einem Sandwich? Ich lade dich ein.

Sue: Nett von dir, aber ich kann nicht. Ich habe gleich einen Kundentermin. Ich werde unser Produkt vorführen und einen Auftrag erhalten.

Sal: Ah, du meinst, dass du ihm erst unser Produkt vorführst und er anschließend eine Kaufverpflichtung eingeht.

Sue: Nein, ich habe bereits seine Verpflichtung zum Kauf.

Sal: Wie kannst du seine Verpflichtung zum Kauf haben, wenn du ihm noch gar nicht das Produkt vorgeführt hast.

Sue: Bei High Probability Selling führen wir das Produkt erst vor, nachdem der Kunde sich zum Kaufen verpflichtet hat. Natürlich unter der Voraussetzung, dass es seinen Kriterien erfüllt. Was ich dir erzähle, verwirrt dich vielleicht etwas. Ich bin sicher, dass Victor es dir noch mal ganz genau erklären wird. Es ist wirklich viel einfacher, als es klingt. Konzentriere dich fürs Erste einfach auf die Grundlagen von High Probability Prospecting.

Acht Prinzipien von High Probability Prospecting

1. Formuliere ein klares Angebot. Gebrauche nicht mehr als 47 Worte einschließlich Anrede und Vorstellung.
2. Frage den Kunden, ob er will, was du anbietest.
3. Wenn der Kunde mit „Ja" antwortet, frage ihn, ob er einen Termin mit der Absicht vereinbaren will, mit dir ins Geschäft zu kommen; oder
4. Lege einen Termin fest, an dem der Kunde will, dass du wieder mit ihm Kontakt aufnimmst. Hole seine Verpflichtung ein, zu diesem Zeitpunkt einen Schritt weiter zu gehen.
5. Beende das Gespräch, wenn du auf irgendeine deiner Fragen eine negative Antwort erhältst.
6. Vereinbare einen erneuten Anruf nur dann, wenn der Kunde deutlich signalisiert, dass er zu einem bestimmten zukünftigen Zeitpunkt ein High Probability Prospect sein wird.
7. Versichere dem Kunden, dass es in Ordnung ist, „Nein" zu sagen, wann immer du ein Zögern seinerseits bemerkst.
8. Disqualifiziere jeden Kunden, der nicht will, was du anbietest oder nicht willens ist, es von dir zu kaufen.

Nach dem Mittagessen geht Sal ins Büro von Victor.

VP: Was hast du von Sue gelernt, als du ihr bei der Kundensuche über die Schulter geschaut hast?

Sal: Ich habe viel gelernt. Für mich sah es aus, als ob sie gleich mit einigen heißen Leads angefangen hat.

VP: Warum glaubst du das?

Sal: Nun ja, sie schien nicht viel Widerstand zu ernten. Tatsächlich waren die meisten ihrer Gesprächspartner sehr interessiert. Für die Zeit, die sie investiert hat, hat sie wirklich viele Termine vereinbart. Also sieht es für mich danach aus, dass sie mit einer ziemlich guten Kundenliste gearbeitet hat.

VP: Sie arbeitet mit einer Liste von Firmen, die wir einfach aus einigen Branchenbüchern entnommen und nicht weiter bearbeitet haben.

Sal: Das ist schwer zu glauben. Nahezu alle Kunden haben reagiert, als ob sie schon vorselektiert worden wären.

VP: Jetzt siehst du die Stärke der Dis-Qualifizierung. Wenn du den Verkaufsprozess kontrollierst und der Kunde sich qualifizieren muss, dann fallen die Ergebnisse so aus, wie du es gerade erlebt hast.

Sal: Warum?

VP: Ein Kunde entwickelt nicht seine üblichen Widerstände, Ablehnung und Abwehr gegen Verkäufer, wenn er merkt, dass du nicht versuchst, ihm „einen Termin zu verkaufen". Ein High Probability Prospect wird von sich aus versuchen, sich eindeutig zu qualifizieren, wenn er spürt, dass du auf höfliche Weise versuchst, ihn zu disqualifizieren.

Sal: Das ist die alte „Umkehrpsychologie".

VP: Nein! Was wir tun, ist keine billige Masche. Ich kann dir versichern, dass unser Ansatz sehr viel wirksamer als das traditionelle „Verkaufe-den-Termin" ist. Bei High Probability Prospecting handelt es sich nicht um einen Verkaufsprozess, der dazu dient, jemanden von etwas zu überzeugen, das er vielleicht gar nicht will. Sondern es ist ein Identifizierungsprozess, der dazu dient, jemanden zu finden, der jetzt von uns kaufen will.
Wenn du anschließend den Kunden triffst, weißt du sicher, dass du es mit jemandem zu tun hast, der von dir kaufen will, was du anbietest.

Sal: Mir ist beigebracht worden, wenn man Kunden akquiriert, dann sagt man, was auch immer nötig ist, um an den Termin mit dem Kunden zu kommen.

VP: High Probability Prospects sind besonders vorsichtig im Umgang mit Verkäufern, weil sie jetzt kaufen wollen. Folglich zögern sie, ihre Kaufabsichten jemandem einzugestehen, dem sie nicht vertrauen. Kunden nehmen Dinge sehr deutlich wahr. Wenn du dich im Prospecting ausweichend verhältst und irreführende Techniken einsetzt, werden Kunden das wahrnehmen und dir nicht vertrauen. Wenn du dein Angebot aber klar und präzise formulierst, wenn du ihnen die Wahl lässt, ohne sie überzeugen oder manipulieren zu wollen, dann werden sie sich die Zeit nehmen, um zu entscheiden, ob sie wollen, was du anbietest. Dann begegnen sie dir nicht mit Ablehnung. Nur der Versuch, jemanden zu etwas zu überreden, führt in der Regel zu

Widerstand. Kunden reagieren darauf ganz unbewusst mit Feindseligkeit und ausweichendem Verhalten.

Sal: Wann werde ich mich beim Prospecting genauso entspannt und wohl – wie Sue – fühlen?

VP: Sei geduldig. Es dauert nicht lange. Beginne, dein Angebot zu formulieren. Beschreibe es mit klaren und präzisen Worten.

Sal: Ich bin nicht sicher, ob ich die gleichen Worte wie Sue verwenden will.

VP: Mach dir keine Sorgen. Du musst nicht dasselbe sagen. Stör dich nicht an der Tatsache, dass du dich dabei zunächst nicht wohl fühlst. Niemand fühlt sich in einer neuen Umgebung wohl. Menschen fühlen sich sogar eine Zeit lang in einer neuen Wohnung unwohl. Behaglichkeit stellt sich erst ein, wenn du dich an deine neue Umgebung gewöhnt hast. Sue fühlte sich anfangs auch sehr unwohl, als sie High Probability Prospecting das erste Mal anwendete. Sie fühlte sich sogar äußerst unwohl, als sie den Rest von High Probability Selling kennenlernte.

Sal: Ich bin aber nicht sehr erfolgreich, wenn ich mich bei der Arbeit unwohl fühle.

VP: Willkommen im Club. Das geht vermutlich jedem so. Es ist ganz natürlich, sich unwohl zu fühlen, wenn man etwas Neues lernt, insbesondere im Verkauf und Vertrieb. Der Grund dafür ist, dass du es an echten Kunden ausprobieren musst und dabei einen guten Eindruck machen willst. Du wirst anfangs besorgt sein, dass du nicht sehr ausgefeilt klingen wirst. Das ist ganz natürlich und das kann man auch nicht vermeiden. Versuche während der ersten Anrufe nicht, alles richtig zu machen. Als dein Vorgesetzter weiß ich, dass es am Anfang nicht darum geht, alles richtig zu machen. Viel wichtiger ist, dass du Übung bekommst. Dann kommen die Abschlüsse von selbst.

Sal: Ich hoffe es.

VP: Du klingst zweifelnd. Was macht dir Sorgen?

Sal: Alles, was ich bei dir beobachte, unterscheidet sich radikal von allem, was mir jemals beigebracht wurde und was ich in Büchern über das Verkaufen und Vertreiben gelesen habe.

VP: Deine Kunden haben dir bisher nicht die Tür eingerannt. Warum nicht etwas Neues ausprobieren. Was hast du schon zu verlieren?

Sal: Nicht viel. Aber ich fühle mich unwohl, wenn ich nicht weiß, wie alles zusammenpasst und ob ich alles richtig handhaben kann.

VP: Du bist nicht allein, wenn du nicht weißt, was in der Zukunft passiert und dich damit unwohl fühlst. Denke immer daran, dein Unbehagen ist der Preis für den Erfolg. Wenn du etwas Neues ausprobierst und dich dabei nicht unwohl fühlst, dann bist du vermutlich auch nicht erfolgreich damit.

Sal: Ich denke, ich kann mit ein wenig Unbehagen leben, solange ich weiß, dass ich das Richtige tue.

VP: Es gibt kein „richtig"! Im Verkauf gibt es eher eine Bandbreite an „richtigem" Handeln. Letztlich alles, was auch im Rahmen von Ehrlichkeit und Integrität machbar ist.

Sal: Übrigens, da gibt es etwas, das ich dich schon lange fragen wollte. Kannst du mir ein Beispiel für Prospecting Angebote geben, die Verkäufer in anderen Branchen anwenden?

VP: Warum?

Sal: Es würde mir helfen, den Verkaufprozess besser zu verstehen und es mir leichter machen, mein Angebot in Worte zu fassen.

VP: Okay. Ich habe zwei Freunde in anderen Branchen, die High Probability Selling anwenden. Der eine verkauft Versicherungen und der andere Sicherheitstrainings. Ich habe beiden geholfen, ihr Angebot in Worte zu fassen. Sie sagen:

„Hier spricht John Jakob von der Protection Versicherung. Ich verkaufe private Pflegeversicherungen. Sie übernimmt die Kosten für ein privates Pflegeheim oder die häusliche Krankenpflege, die durch die staatliche Pflegeversicherung nicht abgedeckt sind. Wollen Sie so etwas?"

„Hier spricht Jane Lewis von Stay Safety Trainings. Wir bieten Sicherheitstrainings an, die dauerhaft Unfälle von Mitarbeitern während und außerhalb der Arbeitszeit um nahezu 65 Prozent reduzieren. Wollen Sie so ein Training für Ihre Mitarbeiter?"

Sal: Ok, die Angebote sind klar und präzise formuliert.

VP: Genau so soll es sein.

Sal: Bevor wir unser Gespräch beenden, muss ich dich noch etwas zum Thema „Verpflichtungen" fragen. Sue meinte, ich solle dich fragen, welche Rolle „Verpflichtungen" in High Probability Selling spielen.

VP: Guter Zeitpunkt. Verpflichtungen sind das Fundament von High Probability Selling. Die Kunst unseres Ansatzes liegt in der Art und Weise, wie wir Sprache strukturieren, um auf unbedrohliche Weise nach Verpflichtungen zu fragen. Wie wir dem Kunden die Wahl lassen, zu jeder Zeit „Ja" oder „Nein" sagen zu können. Ohne sich dabei unter Druck gesetzt zu fühlen. Wie wir es mehr als deutlich machen, dass wir so oder so mit der Entscheidung des Kunden zufrieden sind. Wir versuchen niemals, den Kunden irgendwie zu einem „Ja" zu manipulieren.

Für die meisten Verkäufer ist es schwierig zu verstehen, dass wir mit einem „Nein" genauso zufrieden sind wie mit einem „Ja". Warum? **Weil es nicht unsere Absicht ist, „den Abschluss zu machen", wenn wir einen Kunden besuchen. Wir haben allerdings die feste Absicht, uns strickt an den High Probability Verkaufsprozess zu halten,** weil wir mit diesem Verkaufsprozess einfach sehr erfolgreich sind. Und weil wir uns dann als Verkäufer mit dem Verkaufen und Vertreiben wohl fühlen.

Sal: Ich habe jetzt wirklich viel Neues gelernt. Kannst du mir die wichtigsten Prinzipien des High Probability Prospecting noch mal zusammenfassen?

VP: Das will ich gerne tun.

Zusammenfassung von High Probability Prospecting

Verändere die Art und Weise, wie du Kunden suchst!

Du willst nicht jeden davon überzeugen, dir einen Termin zu geben. Vielmehr willst du bestimmen, ob sich ein Prospect für einen Termin mit dir qualifiziert. So verringerst du deine Hemmung anzurufen, deine Angst vor Ablehnung und Widerstand, Abwehr und Ablehnung beim Kunden. Vereinbare Termine nur mit High Probability Prospects! Das sind potenzielle Kunden, die wollen, brauchen und bezahlen können, was du anbietest. Und die jetzt von dir kaufen wollen, vorausgesetzt, du erfüllst ihre Bedingungen der Zufriedenheit. Behalte immer deine Würde und deinen Selbstrespekt.

Es gibt zwei große Barrieren gegen das Prospecting!

Die Hemmung anzurufen und die Angst vor Ablehnung. Beides passiert, wenn man immer wieder mit dem falschen Ansatz scheitert oder befürchtet zu scheitern. Du erntest jede Menge Ablehnung, Abwehr und Widerstand von Prospects, wenn du zu überzeugen, zu überreden und zu verkaufen versuchst. Du erhältst äußerst selten Ablehnung, Abwehr und Widerstand vom einem Prospect, wenn du zu bestimmen versuchst, ob sich ein Prospect für einen Termin mit dir qualifiziert.

High Probability Prospecting ist das wiederholte Durchkämmen deines Nischenmarktes, um High Probability Prospects zu finden!

Rede mit so vielen Prospects, wie du kannst! Führe jeden Anruf so kurz wie möglich! Disqualifiziere alle Low Probability Prospects für diese Runde! High Probability Prospecting ist ein Prozess der Disqualifizierung. Es ist ein routiniertes und leidenschaftsloses Unterfangen.

Formuliere das richtige Prospecting Angebot!

Ein Teil deines Marktes will, braucht und kann bezahlen, was du anbietest. Wenn du diesen Teil richtig ansprichst, werden sich die High Probability Prospects sofort zu erkennen geben. Um diesen Teil richtig anzusprechen, musst du dein Angebot in 47 Wörtern oder (vorzugsweise) weniger mitteilen.

Wenn du zum Beispiel wie Jacques Werth oder Michael Franz Trainingsprogramme für High Probability Selling verkaufst, dann sage:

1. Wer du bist!
„Hier ist Jacques Werth/Michael Franz von High Probability Selling."

2. Was du verkaufst!
„Wir bieten ein Verkaufstraining an."

3. Eine Eigenschaft oder ein Ergebnis, das du liefern kannst oder bereits geliefert hast.
„Es vermittelt, wie man Kunden sucht, die jetzt kaufen wollen und zu Kunden eine vertrauensvolle Beziehung aufbaut."

4. Eine Aufforderung, eine Wahl zu treffen beziehungsweise eine Verpflichtung einzugehen.
„Wollen Sie so ein Training?"

Diese Vorgehensweise ist für den Angerufenen nicht bedrohlich. Wenn das Angebot klar und eindeutig ist, wird es der Zuhörer entweder bejahen oder verneinen, anstatt den Anrufer abzulehnen. Deshalb geben sich High Probability Prospects üblicherweise zu erkennen. Wenn man beim Prospecting hingegen versucht, zu überreden und zu überzeugen, dann gehen Kunden in den Widerstand. Entweder, indem sie ausweichen, oder indem sie ganz offen feindselig werden.

Vermeide einen überzeugenden, überredenden oder „verkäuferischen" Tonfall! Jeder Tonfall, der nicht als neutral und sachlich wahrgenommen wird, verursacht Widerstand. Stelle die Fragen, als würdest du Aussagen mitteilen! Lass die Worte, nicht deine Stimme, die Frage stellen! Sprich es so, als würdest du sagen: „Der Himmel ist heute bedeckt." Wenn du ausweichend bist, werden es deine Prospects auch sein. Sei offen, direkt und ehrlich mit deinen Prospects.

Wenn potenzielle Kunden wahrnehmen, dass du nicht versuchst, sie zu etwas zu bringen, dann bringen sie dir Vertrauen entgegen und ihr Widerstand verschwindet. Dann sind sie üblicherweise bereit, mit dir offen und ehrlich zu sprechen. Wenn dir High Probability Prospects vertrauen, sind sie meist bereit, dir ihre Kaufabsicht ehrlich mitzuteilen. Sie werden nicht zulassen, dass du sie disqualifizierst. Wenn dir High Probability Prospects misstrauen, werden sie ihre Kaufabsicht vor dir verheimlichen.

Teile dein Angebot mit und frage nach einer Verpflichtung: „Wollen Sie so etwas?"
Gehe keinen Schritt weiter, bis du nicht eine Verpflichtung erhalten hast! „Ja" und
„Nein" sind beides Verpflichtungen. Wenn man sich frei vom Ergebnis macht und
ein disqualifizierendes Vorgehen wählt, dann sind Prospects üblicherweise begeistert, endlich einmal mit jemandem zu tun zu haben, der echte Standards hat.

**„Vielleicht" ist keine Verpflichtung! Auch Interesse ist bedeutungslos! Ob
sie etwas wollen oder nicht, das zählt für uns!** Wenn ein Prospect ausweichend
ist, dann gehe darauf nicht ein. Stattdessen frage den Prospect nochmals, ob
er oder sie will, was du anbietest, bis du ein klares „Ja" oder „Nein" erhältst.
Wenn ein Prospect um mehr Informationen bittet, dann lasse ihn wissen, dass du
später ins Detail gehen wirst. Aber im Moment willst du wissen, ob er will, was
du anbietest, oder nicht. Wenn ein Prospect wissen will, wie du deine Ergebnisse
erzielst, dann frage ihn, ob er will, was du anbietest, angenommen du kannst es
tatsächlich erreichen. Wenn ein Prospect wissen will, warum er gerade mit dir
Geschäfte machen sollte, dann sag ihm, das du ihn nicht überzeugen willst. Frage
ihn anschließend, ob er will, was du anbietest, oder nicht. Wenn ein Prospect
Informationen zugesendet bekommen will, dann frage ihn einfach nach seiner
E-Mail-Adresse und schicke ihm ein paar allgemeine Informationen zu. Ruf ihn in
einer Woche wieder an.

Wenn ein Prospect „Ja" sagt! Wenn der Prospect sagt, dass er will, was du
anbietest, dann sage ihm, dass es circa „X" Minuten unterbrechungsfreier Zeit
braucht, um die Details zu besprechen. Und frage dann, ob er sich verabreden
will. Wenn er „Ja" sagt, dann frage nach dem „Wann" und „Wo". Nachdem der Termin organisiert ist, frage, was er tun wird, wenn du seine Anforderungen erfüllen
kannst. Wenn er nicht eindeutig sagt, dass ihr Geschäfte macht, dann lass ihn
wissen, dass du dich nur mit Prospects verabredest, die sich verpflichten, mit dir
Geschäfte abzuschließen, wenn du ihre Anforderungen erfüllst. Dann frage, was er
tun will. Wenn er sich nicht verpflichtet, disqualifiziere ihn für diese Runde!

VP: So, Sal, das war das Wichtigste zum Thema Kundensuche. Morgen besprechen wir, wie du Anruflisten potenzieller Kunden erstellst.

Sal: O.K., bis morgen.

6. Lohnende Marktnischen bestimmen

Am nächsten Morgen in VP's Büro

Sal: Sind nicht alle Unternehmen, die Displayverpackungen für ihre Produkte verwenden, potenzielle Kunden von WPC?

VP: Nicht wirklich. Sie repräsentieren nur einen potenziellen Markt. Du musst den Markt jedoch eingrenzen und dich spezialisieren, um effektiv zu sein. Da du deine Zeit nur mit Kunden verbringen willst, die unsere Verpackung brauchen, wollen und bezahlen können, musst du erst einige Vorarbeit leisten. Dann sparst du dir später Zeit und Nerven. Bevor du also mit der Kundensuche beginnst, musst du die Stärken deines Unternehmens verstehen.

Sal: Was haben die Stärken unseres Unternehmens mit dem Finden von Kunden zu tun? Haben unsere Stärken nicht mehr mit dem Ausstechen der Konkurrenz zu tun?

VP: Nein. Du willst dich in einer Situation wiederfinden, in der du mit höherer Wahrscheinlichkeit einen Wettbewerbsvorteil hast. Das hast du bei den Kunden, die deine Stärken am meisten wollen.

Sal: Woher weißt du, was deine Stärken im Markt sind?

VP: Unabhängig von der Branche gibt es drei Stärken am Markt: Preis, Qualität und Service. Im Allgemeinen können Unternehmen in einem auf Wettbewerb beruhendem Markt nicht in allen drei Kategorien gleichzeitig gut sein.

Sal: Wie sieht es zum Beispiel mit pünktlichen Lieferungen aus? In welche der drei Kategorien wird diese Stärke eingeordnet?

VP: Es kommt darauf an. In der Verpackungsbranche sind pünktliche Lieferungen Teil des Services.

Sal: Sind Lieferzeiten nicht immer Teil des Services?

VP: Nein, wenn du beispielsweise im Bereich von Expresszustellungen tätig bist, wären diese Art der Zustellungen dein Produkt. Pünktliche Lieferung ist dann eine Qualität. In dieser Branche ist Service zum Beispiel die Genauigkeit in der Paketverfolgung, die Verständlichkeit der Rechnungsstellung und die Achtsamkeit der Mitarbeiter im Umgang mit den Paketen.

Sal: Was ist, wenn eine Firma behauptet, das beste Produkt mit dem besten Service zum niedrigsten Preis anzubieten?

VP: Solche Firmen lügen meist und sind sich dessen auch bewusst. Es ist praktisch unmöglich, der beste Anbieter in allen drei Kategorien zu sein. Qualitativ hochwertige Schuhe werden von Spezialisten per Hand aus sorgfältig gegerbtem Leder hergestellt. Ein Hersteller, der maschinell Schuhe aus Lederimitat von Hilfsarbeitern herstellen lässt, wird immer viel günstiger als der hochwertige Lederschuhhersteller anbieten können. Das gilt für jede Branche. Es ist fast unmöglich, deine Konkurrenz in allen drei Kategorien gleichzeitig zu übertreffen.

Sal: Ich verstehe, was du meinst. Es verursacht Kosten, einen ausgezeichneten Kundenservice anzubieten. Deshalb müssen Unternehmen, die einen hochwertigen Service anbieten, mehr als andere in Rechnung stellen.

VP: Genau. Als Verkäufer ermittelst du immer als Erstes die Stärken deines Unternehmens in den Bereichen Preis, Qualität und Service. Dann überlegst du, zu welchen Marktsegmenten deine Stärken am besten passen. Wenn du deine Sache gut machst, sparst du dir viel Zeit bei der Kundensuche. Ansonsten verbringst du viel Zeit mit Kunden, die nur eine geringe Kaufwahrscheinlichkeit haben.

Sal: Aber sollten wir WPC nicht trotzdem als Unternehmen anpreisen, das die besten Preise, Topqualität und Spitzenservice hat?

VP: Nein. Das Ziel ist, dass du unsere Produkte effizient verkaufst. Die Kunst daran ist, frühzeitig unsere spezielle Kombination aus Qualität, Preis und Service festzustellen und dann dazu passende Marktsegmente zu finden. Marktsegmente, die deine spezielle Kombination brauchen, wollen und bezahlen können. Die Qualität unserer Verpackungen ist erstklassig, unser Service ist wirklich auf Zack, aber unsere Preise liegen weit über dem Durchschnitt unserer Branche.

Sal: Na gut. Angenommen, du hast es mit einem Kunden zu tun, der nur das preisgünstigste Produkt kaufen will und keinen Wert auf Qualität legt.

VP: Das ist sehr unwahrscheinlich. Gib mir ein Beispiel dafür.

Sal: Was ist mit Rohstoffen wie Salz und Sand?

VP: Ok, angenommen, du sollst Salz verkaufen. Aber dein Salz schmeckt schlecht oder hat einen fiesen Geruch. Dann wirst du es vermutlich zu keinem Preis der Welt verkaufen können.

Sal: Aber vielleicht könnte ich es als Streusalz im Winter verkaufen.

VP: Möglicherweise, aber wenn deine Verpackung undicht ist oder leicht reißt, dann wird niemand dein Produkt verschiffen oder lagern wollen. Dann bist du mit erhöhten Verpackungskosten konfrontiert. Und die Leute, die mit dem Salz arbeiten wollen, haben ebenfalls ein Mitspracherecht. Außerdem müssen eventuell bestimmte gesetzliche Vorschriften für Streusalz erfüllt werden. Schon nur einen Rechtsanwalt mit dem Prüfen der Vorschriften zu beauftragen, kostet eine Menge Geld.

Sal: Okay, das war kein gutes Beispiel. Was ist mit Sand?

VP: An wen willst du den Sand verkaufen?

Sal: Sagen wir mal, wir verkaufen Sand an Unternehmen im Bereich Straßenbau und Hausbau.

VP: Dann sind Reinheit und Einheitlichkeit des Sandes wichtige Kriterien. Wenn der Sand zum Beispiel organische Verschmutzungen aufweist, werden Bauunternehmer den Sand nicht kaufen wollen, weil der Mörtel mürbe wird, sobald sich die organischen Bestandteile zersetzen. Dasselbe gilt für den Straßenbau. Es besteht wahrscheinlich ein großer Unterschied darin, ob der Sand trocken oder nass ist. Ob er Mineralien enthält, welche die Stärke des Betons beeinflussen. Sogar die Einheitlichkeit der Farbe ist für einige Bauunternehmer vermutlich ein Kriterium.

Sal: Wie kommt der Service ins Spiel, wenn man Sand verkauft?

VP: Wenn du ein Bauunternehmer bist, spielt Service eine große Rolle. Möchtest du den Sand selbst abholen oder ihn direkt zu deiner Baustelle geliefert bekommen? Möchtest du den Sand als Schüttgut oder abgepackt in Säcken? Möchtest du den Sand Just-in-Time geliefert bekommen, wenn du ihn gerade verarbeiten willst, oder auf Halde, wenn es für Lieferanten gerade günstig ist?

Sal: Ich verstehe, warum Bauunternehmen angesichts dieser Umstände der Service wichtig ist. Aber glaubst du wirklich, dass Bauunternehmer Qualität und Service berücksichtigen, wenn sie die Kosten für Sand festsetzen?

VP: Natürlich tun sie das. Deshalb musst du deine Prospecting-Angebote so formulieren, dass sie das „Wollen" und das „Brauchen" deines Zielmarktes ansprechen. Zum Beispiel gibt es Bauunternehmer, die wollen ihren Sand direkt an die Baustelle geliefert bekommen. In genau abgemessenen Mengen, kurz bevor er verarbeitet wird. Wenn man die Kriterien einer bestimmten Kundengruppe so klar bestimmen kann, nennen wir das eine „Marktnische".

Sal: Also, wenn die Qualität deines Sandes gut ist und du pünktlich liefern kannst, dann solltest du in deiner Gegend einen guten Anteil vom Sandmarkt erhalten.

VP: Ja. Das trifft aber nur für den Fall zu, dass in deiner Gegend ein Sandmarkt existiert, der diese Serviceleistungen will. Es könnte jedoch auch viele Bauunternehmer in deiner Gegend geben, die deine Serviceleistungen weder brauchen noch wollen.

Sal: Wer würde das nicht wollen?

VP: Wie wäre es mit einem Bauunternehmer, der eigene Kipplaster hat. Der seinen Sand lieber selbst abholt, als für die Lieferung zu bezahlen? Oder wie wäre es mit einem Bauunternehmer, der auf seiner

Baustelle große Lagerflächen hat und deshalb nicht auf Just-in-Time-Lieferungen angewiesen ist?

Sal: Klingt kompliziert, Marktstärken und Marktnischen zu identifizieren.

VP: Es hört sich für uns nur kompliziert an, weil wir nicht viel über Sand für Bauunternehmer wissen. Wenn wir aber regelmäßig mit Bauunternehmern zu tun haben, dann werden wir entweder genau über ihre Kriterien Bescheid wissen oder unser Geschäft aufgeben.

Sal: Willst du damit sagen, dass wir mit unseren Verhandlungspartnern über ihr „Brauchen" und „Wollen" reden sollen? Dass wir so einfacher herausfinden, wie sie zufriedenzustellen sind? Dass wir so leichter ihre Aufträge erhalten?

VP: Ja, aber nur wenn wir auch in der Lage sind, deren „Brauchen" und „Wollen" zu befriedigen. Also, wenn du deine eigenen Marktstärken kennst und die dazu passende Nische findest, ist es einfach.

Sal: Lass uns noch einmal auf unsere Verpackungen zurückkommen. Wir müssen Kunden finden, die unser Produkt brauchen, oder nicht?

VP: Das stimmt, wenn du die Wörter „wollen" und „es sich leisten können" ergänzt. Unsere Kunden müssen „brauchen", was wir verkaufen. Sie müssen „es sich leisten können". Und sie müssen es jetzt kaufen „wollen".

Sal: Das hört sich sinnvoll an. Meine Aufgabe als Verkäufer ist es also, Kunden zu finden, die jetzt zum Kauf bereit sind?

VP: Genau.

Sal: Aber warum versuchst du nicht, zu potenziellen Kunden eine Beziehung aufzubauen, wenn sie unsere Anforderungen an unser Marktsegment erfüllen? Auch wenn sie jetzt noch nicht bereit sind zu kaufen?

VP: Weil die guten Geschäftsbeziehungen nicht durch „Networken" oder Small Talk beim Mittagessen aufgebaut werden. Geschäftsleute, die keine Absicht haben, etwas zu kaufen, sind in der Regel zu beschäftigt für Verabredungen mit Verkäufern. Wenn du zu verfügbar bist, zu großzügig mit deiner Zeit umgehst, dann wirst du für jemanden gehalten, der seine Zeit nicht zu schätzen weiß. Gute Geschäftsbeziehungen beruhen auf beiderseitigem Respekt und Vertrauen. Sie werden durch gegenseitiges Geben und Nehmen aufgebaut. Warum sollte ein Kunde seinen Lieferanten wechseln, wenn dieser stets die Wahrheit sagt und stets hält, was er zu tun verspricht?

Sal: Haben die Verkäufer von WPC nicht schon alle verfügbaren Nischenmärkte ausgeschöpft?

VP: Nein. Es gibt noch viele unentdeckte Nischen. Richte dein Augenmerk zuerst auf die größeren Marktsegmente. Segmente, in denen WPC bereits einen Wettbewerbsvorteil erzielt hat. Innerhalb dieser Marktsegmente arbeitet jeder Verkäufer aufgrund seiner besonderen Fähigkeiten und Fachkenntnisse neue Nischen heraus.

Sal: Die Marktnische von WPC scheinen Konsumgüterfirmen zu sein, die zerbrechliche Waren anfertigen. Die Ware soll am Point-of-Purchase mit verkaufsfördernden Displayverpackungen zum Spontan- und Impulskauf anregen.

VP: Das ist eine Marktnische, in der wir einen eindeutigen Wettbewerbsvorteil haben. Wir beschränken uns jedoch nicht nur auf Konsumgüter. Wir bieten auch für elektronische Komponenten, Geräteteile und viele andere Produkte Verpackungen an.

Sal: Wieso beliefert WPC so viele verschiedene Branchen?

VP: Im Laufe der Jahre haben einzelne Verkäufer Marktnischen entdeckt, die von WPC noch nicht bedient wurden. Bei einigen Nischen war es offensichtlich, bei anderen bedurfte es spezieller Branchenkenntnisse und etwas Kreativität.

Sal: Mein Problem ist, ich arbeite jetzt seit vielen Jahren in der Verpackungsbranche. Ich weiß nicht viel von irgendeinem anderen Geschäft.

VP: Du weißt viel mehr, als du denkst! Du hast doch eine Zeit lang für die Designabteilung eines Verpackungsunternehmens gearbeitet? Dann musst du doch wissen, wie Zubehör und Software im Grafik- und Designbereich verpackt werden.

Sal: Sicher. Ich habe mit Tinten, Spezialpapier, Kleinmaschinen sowie Software, Scannern und Druckern gearbeitet.

VP: Wie sieht es mit deinen bisherigen Verpackungskunden aus?

Sal: Ich verstehe. Dann sind all meine Erfahrungen im Bereich Verpackungen nützlich?

VP: Sei einfach ein bisschen kreativ mit dem was du weist! Jetzt ist es an der Zeit, dass du selbst auf Kundensuche gehst und dich ans Telefon hängst. Über die restlichen Phasen im Verkaufsprozess sprechen wir in ein paar Tagen.

Einige Tage später:

VP: Wie geht es voran?

Sal: Ganz gut! Ich habe die letzten Tage in Prospecting investiert. Seit ich mein Angebot von 59 Wörtern auf 42 Wörter gekürzt habe, bekomme ich viel bessere Ergebnisse. Etwas will ich mit dir diskutieren. Manchmal, wenn ich Kunden über das Telefon suche, dann habe ich den Drang, zu überreden und zu überzeugen.

VP: Ich bin froh, dass du das als Problem erkennst. Die meisten Leute tappen in diese Falle. Vor allem erfahrene Verkäufer. Wie man das Überreden und das Überzeugen während der Kundensuche vermeidet? Indem man sich dessen bewusst wird. Dann stoppe dich, mache einen Moment Pause und beginne wieder mit der Kundensuche!

Sal: Woran erkenne ich, dass ich wieder mit dem Überreden und Überzeugen begonnen habe?

VP: Es gibt zwei wesentliche Anzeichen:

Erstens: Wenn du Kunden über das Telefon suchst und dabei ein Gefühl von Stress und Angst verspürst, dann bist du vermutlich schon ins Überreden und Überzeugen abgerutscht.

Zweitens: Wenn du mit einem Kunden am Telefon mehr als drei bis vier Minuten verbringst, dann bist du auch ziemlich sicher ins Überreden und Überzeugen abgerutscht.

Sal: Das ist alles?

VP: Es ist nicht ganz so einfach, wie es sich anhört. Es dauert, bis man sich auf eine effiziente Form der Kundensuche umgestellt hat. Es ist kein Drama, wenn du gelegentlich ins Überreden und Überzeugen abrutschst. Insbesondere, wenn du es zum ersten Mal übst.

Sal: Wie lange hast du gebraucht, bis du unterscheiden konntest, ob du Kunden suchst oder ihnen bereits verkaufst?

VP: Ich muss zugeben, dass ich immer noch gelegentlich ins Verkaufen, ins Überreden und ins Überzeugen abrutsche. Obwohl ich jahrelange Erfahrung mit der Kundensuche am Telefon habe. Wenn ich merke, dass ich verkaufe, überrede und überzeuge, dann beende ich den Vorgang und konzentriere mich wieder ganz auf die Kundensuche.

Sal: Ich fühle mich besser, jetzt da ich weiß, dass es dir auch ab und zu passiert.

VP: Wenn du dein Angebot richtig formuliert hast, dann halten dich die Antworten des Kunden vom Überreden und Überzeugen ab.

Sal: Ich habe von einigen Kunden Antworten und Reaktionen bekommen, mit denen ich Probleme hatte. Beispielsweise hat mich ein Kunde gefragt, warum er gerade von mir kaufen soll, obwohl er mit seinem derzeitigen Lieferanten zufrieden sei.

VP: Wenn du auf irgendeine Frage keine Antwort weißt, kannst du immer auf diese beiden Arten reagieren: „Ich habe auf diese Frage keine echte/zufriedenstellende/ausreichende Antwort. Welche Antwort würde für Sie einen Sinn ergeben?" oder „Sie klingen nicht wie ein Kunde, der jetzt kaufen will/wie ein High Probability Prospect. Ist mein Produkt/meine Dienstleistung etwas, dass Sie wollen … oder nicht?" Sprich beide Aussagen mit einer sachlichen, neutralen Stimmlage.

Sal: Und dadurch bekomme ich den Verkaufsprozess und die Kundensuche wieder unter meine Kontrolle?

VP: Genau. Und es hilft Kunden, dir ohne Druck oder Spannungen ein „Nein" als Antwort zu geben. Wenn das passiert, dann weißt du, dass du es nicht mit einem High Probability Prospect zu tun hast.

Sal: Und wenn ein Kunde wirklich an unserem Produkt interessiert ist?

VP: Schau. Wenn ein Kunde sagt, dass er „interessiert" ist, dann hat diese Aussage keinerlei Verkaufswert. In Interesse steckt keine Verpflichtung. Interesse ist in der Regel eine Tarnung für Leute, die nichts kaufen wollen. Ob der Kunde will, was du anbietest, dass zählt. Wenn jemand wirklich ein High Probability Prospect ist, dann merkst du das. Von Zeit zu Zeit übersieht man einen. Aber wir verlieren lieber gelegentlich einen, als unsere Zeit an Kunden zu verschwenden, die wahrscheinlich nichts kaufen werden.

Sal: Was sagst du, wenn ein Kunde auf dein Angebot hin sagt: „Das klingt interessant."

VP: Dann sage ich: „Bedeutet das, dass Sie wollen, was ich anbiete ... oder nicht?" Das ist die Frage, die du beantwortet bekommen musst. In gleicher Weise reagierst du auf: „Vielleicht" oder „Ich weiß nicht" oder „Ich glaube nicht" oder „Ich denke darüber nach".

Sal: Und wenn ein Kunde sagt: „Schicken Sie mir Informationen zu". Was sagst du dann?

VP: Meine übliche Antwort ist: „Wenn Leute so etwas sagen, ist das für gewöhnlich die höfliche Form ‚Lass mich in Ruhe!' zu sagen. Wenn Sie von mir in Ruhe gelassen werden wollen, dann sagen Sie es einfach. Das ist in Ordnung." Ich verschicke üblicherweise keine Informationen. Außer der Kunde will, was ich verkaufe und wird mit hoher Wahrscheinlichkeit mit mir Geschäfte abschließen wollen, nachdem er die Informationen erhalten und durchgesehen hat.

Sal: Was tust du, wenn ein Kunde in die Abwehrhaltung geht?

VP: Kunden nehmen für gewöhnlich keine Abwehrhaltung ein, wenn du direkt bist, ehrlich bist und sie nicht manipulierst. Tatsächlich geben sich High Probability Prospects meist sofort zu erkennen. Vermeide zu verkaufen, zu überzeugen oder irgendetwas sonst zu tun, das Abwehr und Ablehnung hervorruft. Gib den Kunden die Möglichkeit, sich jederzeit selbst disqualifizieren zu können.

Sal: Was meinst du damit?

VP: Stelle echte, nicht-rhetorische Fragen! Stelle Fragen, die Kunden die Möglichkeit geben, mit „Ja" oder „Nein" zu antworten!

Sal: Und wenn du kein „Nein" als Antwort bekommst, dann nagelst du den Kunden auf einen Termin fest! Richtig?

VP: Falsch! Du lässt den Kunden den Termin festlegen. Dazu kannst du fragen: „Wollen Sie einen Termin vereinbaren und feststellen, ob meine Verpackungen das sind, was Sie wollen?"

Sal: Angenommen er sagt, dass er für einen Termin keine Zeit hat.

VP: Das ist eine Möglichkeit, sich selbst zu disqualifizieren. Wenn er keine Zeit hat, hast du auch keine Zeit. Er ist ein Low Probability Prospect.

Sal: Warum? Vielleicht hat er einfach nicht verstanden, welchen Nutzen unsere Verpackungen ihm bieten.

VP: Wenn er es zu diesem Zeitpunkt nicht weiß und es auch nicht herausfinden will, ist er ein Low Probability Prospect.

Sal: Angenommen, er weiß einfach nicht, was wir anbieten?

VP: Dann ist er trotzdem ein Low Probability Prospect. Er hat entweder den Anschluss an seine Branche verloren oder er ist für neue Ideen nicht zugänglich.

Sal: Wie ist es, wenn ich jemanden frage, ob er einen Termin vereinbaren will, um zu entscheiden, ob unsere Verpackung etwas ist, was er will. Der Prospect sagt aber, dass er erst in drei Monaten für ein Treffen bereit ist?

VP: Dann frage, ob er in drei Monaten von dir zurückgerufen werden will.

Sal: Also, ich soll dem Kunden die ganze Zeit den Ball zurückspielen, richtig?

VP: Genau darum geht es! Wenn der Kunde alle Entscheidungen selbst trifft, ohne von dir unter Druck gesetzt oder überredet zu werden, dann fühlt er sich für diese Entscheidungen verantwortlich. Dann wird er später nicht sagen, du hättest ihn in etwas hineingeredet.

Sal: Das ist wirklich anders, als alles, was ich bisher getan habe.

VP: Das stimmt für das ganze High Probability Prospecting. Spiel dem Kunden beständig den Ball zurück und lass ihn für die Ergebnisse die Verantwortung übernehmen. Am Anfang ist es ungewohnt. Auch unsere besten Verkäufer tun Dinge, die nicht immer gut funktionieren. Aber mit der Zeit wird der ganze Verkaufsprozess immer leichter und einfacher.

7. Vertrauensvolle Beziehungen aufbauen

Sal: Mit der Phase „vertrauensvolle Beziehungen aufbauen" von High Probability Selling stehe ich noch etwas auf dem Kriegsfuß.

VP: Was bereitet dir Schwierigkeiten?

Sal: Ich verstehe es nicht so recht. Sobald unsere Verkäufer sich mit einem neuen Kunden zusammensetzen, stellen sie Fragen, die mir im Traum nicht einfallen würden. Mir erscheinen diese Fragen viel zu persönlich.

VP: Erhalten sie Antworten auf ihre Fragen?

Sal: Genau das ist der Punkt. Ich kann einfach nicht glauben, was für Antworten sie bekommen. Die Kunden geben fast immer Antworten. Sogar auf äußerst persönliche Fragen.

VP: Regen sich Kunden über diese Fragen auf?

Sal: Nur einer.

VP: Was ist passiert?

Sal: Ich war mit Sue auf einem Kundentermin. Als sie dem Kunden ihre Fragen stellt, schaut der sie wirklich böse an und putzt sie runter. Sue ist daraufhin aufgestanden und hat den Kundenbesuch höflich aber bestimmt beendet.

VP: Hast du damit ein Problem?

Sal: Sicher. Sie hat den Kunden verärgert und ihm nichts verkauft.

VP: Ein Besuch bei einem Kunden ohne Abschluss ist keine große Sache. Auch wenn der Kunde nicht aufgebracht gewesen wäre, hätte Sue ihm wahrscheinlich nichts verkauft. So hat sie wenigstens keine Zeit mit dem Versuch, es doch zu tun, verschwendet.

Sal: Wie kannst du dir so sicher sein, dass sie den Kunden nicht abgeschlossen hätte, wenn sie anders vorgegangen wäre? Schließlich hatte sie bereits den Termin.

VP: Es geht nicht nur darum, sicher zu sein. Bei High Probability Selling wartest du nicht, bis du sicher bist. Du schaust auf die Wahrscheinlichkeit. Ob eine hohe oder niedrige Wahrscheinlichkeit besteht, einen Abschluss zu machen, das zählt.

Sal: Das hast du auch über die Kundensuche beziehungsweise das Prospecting gesagt. Ich habe gedacht, dass Sue den Kunden bereits durch das Prospecting qualifiziert hat.

VP: Der Punkt ist, selbst wenn du den Kunden anfänglich qualifiziert hast, gibst du ihm ständig die Gelegenheit, sich selbst zu disqualifizieren. Das gilt für jede Phase unseres Verkaufsprozesses. Lass uns auf deine Frage zurückkommen, wie man mit Kunden „Beziehungen aufbaut".

Sal: Okay.

VP: Die meisten Verkäufer finden „vertrauensvolle Beziehungen aufbauen" die schwierigste und herausforderndste Phase von High Probability Selling. Diese Phase setzt voraus, dass der Verkäufer das Verkaufen für eine Zeit zur Seite stellt und einfach ein Mensch ist. Diese Phase ist der wichtigste Schritt im gesamten Verkaufsprozess.

In dieser Phase sprichst du nicht über dein Produkt oder deine Dienstleistung. Deine einzige Aufgabe besteht darin, den Kunden kennenzulernen. Festzustellen, ob du dieser Person vertrauen kannst und ihr Respekt entgegenbringen kannst. Diese Einschätzung bestimmt, ob du bereit bist, mit diesem Kunden Geschäfte abzuschließen oder nicht. Du kommst zu dieser Einschätzung, indem du Fragen stellst.

Wenn du jemandem nicht vertraust und ihn nicht respektierst, ist das sehr schwer zu verheimlichen. Er wird das genauso schnell merken wie du. Er wird keine Geschäfte mit dir abschließen wollen. Viel wichtiger ist aber, dass du es bemerkst. Deshalb willst du keine Geschäfte mit diesem Kunden machen. Wenn du mit jemandem Geschäfte machst, dem du kein Vertrauen und keinen Respekt entgegen bringst, wirst du keine brauchbare Geschäftsbeziehung aufbauen können. Wenn die Beziehung nicht brauchbar ist, werden Geschäfte immer schwierig und meistens nicht lohnend sein. In der Regel bleibt der Gewinn auf der Strecke. Es wird ein Verlustgeschäft.

Bei High Probability Selling machen wir ausschließlich mit Leuten Geschäfte, denen wir vertrauen und die wir respektieren.

Wenn du zu einem Kunden eine Beziehung aufbauen willst, dann ist es deine Aufgabe, die Person im Inneren des Kunden zu entdecken. Festzustellen, warum er oder sie geworden ist, was er oder sie ist. Beruflich und privat. Wie man dabei vorgeht, ist verschieden. Da entwickelt jeder seinen eigenen Stil.

Wenn du ermitteln willst, ob du jemandem wirklich Vertrauen und Respekt entgegen bringen kannst, dann musst du diese Person wirklich kennenlernen. Herausfinden, was diese Person motiviert. Welche Ereignisse oder Gefühle prägend sind. Wie er oder sie im derzeitigen Job gelandet ist. Unsere Ermittlung geht weit über oberflächliche Nettigkeiten hinaus in die Tiefe der Persönlichkeit.

Es geht nicht um vorgetäuschte Neugierde oder einen versteckten Manipulationsversuch. Du hast auf einem Kundenbesuch nur eine begrenzte Menge Zeit zur Verfügung. Du willst aufrichtig eine Beziehung zu diesem Kunden entwickeln, die etwas bedeutet. Alle vertrauensvollen Beziehungen, sowohl privat als auch beruflich, beruhen auf gegenseitigem Vertrauen und Respekt.

Wenn du mit einem Kunden diese Art von Beziehung entwickeln kannst, dann hast du einen unglaublichen Wettbewerbsvorteil gewonnen. Einen Wettbewerbsvorteil, der für jeden anderen Anbieter nur sehr schwer zu übertreffen ist. Jeder zieht es vor, mit jemandem Geschäfte abzuschließen, dem er vertraut und den er respektiert. **Wenn du mit einem Kunden keine vertrauensvolle Beziehung entwickeln kannst, bist du für ihn nur ein weiterer austauschbarer Verkäufer.**

Um eine vertrauensvolle Beziehung aufzubauen, musst du ein aufrichtiges Interesse an diesem Kunden haben. Aufrichtigkeit kann man nicht vortäuschen. Leute merken, wenn du Fragen stellst und das Interesse an den Antworten nur vortäuschst. In diesem Fall wird der Kunde deine Befragung schlagartig abbrechen.

Der Zweck dieser Fragen besteht weder darin, die „Heißen Knöpfe" des Kunden zu entdecken, noch festzustellen, was erforderlich ist, um ihn durch Überzeugen, Überreden oder Manipulieren zum Kauf zu bewegen. **Der Zweck dieser Fragen ist, dass du erkennst, ob dieser Kunde eine Person ist, mit der du Geschäfte abschließen willst.** Ob du diesem Kunden vertrauen und ihn respektieren kannst. Um das herauszufinden, musst du gegen alle Konditionierungen verstoßen, die dir je im Verkauf und Vertrieb beigebracht worden sind. Hör auf, dem Kunden „zu gefallen", „nach seiner Pfeife zu tanzen", „ihn dazu zu bringen, dich zu mögen", „an seinen Interessen interessiert zu sein", „Rapport aufzubauen" oder „ihm zu schmeicheln". Du willst Kunden nicht beeindrucken, ködern oder verführen. **Du willst**

herausfinden, ob eine beidseitig akzeptable Basis für Geschäfte besteht. Das ist dein Job.
Versetze dich in die Position des Kunden. Du spürst als Kunde, dass jemand versucht, dich zu etwas zu bringen. Dann wirst du versuchen, dich zu schützen. Du wirst Widerstand, Misstrauen und Feindseligkeit entwickeln. Was der Verkäufer dir sagt, wirst du als Manipulation und Unaufrichtigkeit auslegen. Du wirst deine Ablehnung und Abwehr verstärken. Schließlich willst du den Verkäufer nur noch loswerden.

Sal: Jetzt verstehe ich, warum traditionelles Verkaufen sich immer wie Krieg und Kampf anfühlt.

VP: Das Problem ist die grundlegende Definition von „Verkauf" in unserer Geschäftskultur. Demnach ist Verkaufen ein Vorgang, der ein bestimmtes Ergebnis produzieren soll. Erziele den Abschluss! Durch Überzeugen, Überreden, Verführen, Manipulieren, Drohen oder was auch immer dir sonst einfällt. Bring jemanden dazu, etwas zu tun! Etwas, das er andernfalls nicht tun würde. Jedes Mittel ist recht.
Bei High Probability Selling gibt es kein „Verkaufen". Zumindest nicht in der allgemein definierten Art und Weise. **Deine erste und wichtigste Aufgabe als Verkäufer besteht darin, festzustellen, ob eine beidseitig annehmbare Basis für Geschäfte besteht.** Kunden spüren, wenn du nicht an ein bestimmtes Ergebnis gebunden bist. Wenn du sie nicht zu etwas bringen willst. Deshalb fangen Sie an, dir zu vertrauen. Dann musst du dir um Misstrauen, Widerstand und Feindseligkeit keine Sorgen machen.
Du musst jedoch vertrauenswürdig sein, damit dir jemand vertraut. Es kommt nicht darauf an, was du sagst, sondern wie du handelst. Wirklich aufrichtig an jemandem interessiert zu sein, ist ein mächtiges Kommunikationsmittel. **Dein Verhalten spricht lauter als deine Worte.** Gehe direkt, offen und ehrlich mit deinem Gegenüber

um. Versuche nicht, den Kunden zu etwas zu bringen. Dann handelst du vertrauenswürdig und dein Gegenüber wird dir sehr wahrscheinlich auch Vertrauen entgegenbringen.

Die meisten Kunden können nur schwer die Vor- und Nachteile konkurrierender Angebote abwägen. Hier besteht eine große Informations-Asymmetrie. Deshalb ist es für Kunden so wichtig, es mit Verkäufern zu tun zu haben, denen sie vertrauen und auf die sie sich verlassen können. Verkäufer rühren beständig die Trommel für ihre Produkte. Sie erzählen ihren Kunden ständig, wie großartig ihre Produkte sind. Kunden reagieren darauf, indem sie fast alles ignorieren, was der Verkäufer sagt. Gleichzeitig merken die meisten Kunden, wie wenig sie im Vergleich zu den Verkäufern über die Produkte und Dienstleistungen wissen. Auch aufgrund dieses Ungleichgewichts wollen sie es mit einem vertrauens- und respektwürdigen Verkäufer zu tun haben.

Sal: Das erscheint mir alles so unnatürlich.

VP: High Probability Selling widerspricht dem, was du üblicherweise als angenehm empfinden würdest. Angenehm ist, worauf du im traditionellen Verkauf konditioniert worden bist. Der traditionelle Verkauf begünstigt kriecherisches, schmeichelndes und aufrichtiges Verhalten. Du bist ein Produkt der konventionellen Vorgehensweise. Du fühlst dich wohl, wenn du so handelst. So macht man es halt. Auch wenn man sich dabei nicht immer im Spiegel anschauen kann.

Aufrichtig an Menschen interessiert sein. Wissen wollen, was in ihnen vorgeht. Wie sie zu dem geworden sind, was sie sind. So sind wir als Kinder. Erinnerst du dich, wie du als kleines Kind warst, wenn jemand neu in deine Straße gezogen ist? Als Kind wolltest du oft alles über diese neuen Leute wissen. Du hast sie vielleicht gefragt: „Wo hast du vorher gelebt?", „Warum bist du hierher gezogen?", „Wolltest du hierher umziehen?", „Was ist dein Vater von Beruf?" Im Laufe unserer Kindheit wird uns beigebracht, unser natürliches Interesse an anderen zu unterdrücken. Insbesondere, wenn wir eine Person neu kennenlernen. Die natürliche Neugierde ist aber trotzdem vorhanden. Sie ist verborgen. Die meisten Menschen sind sich dessen nicht bewusst, dass sie noch vorhanden ist. Jemanden wirklich kennen zu lernen, ist eine erfreuliche und lohnende Erfahrung. Wenn du wissen willst, was natürlich ist, dann beobachte, was vierjährige Kinder fragen.

Sal: Jede von mir besuchte Verkaufsschulung hat die Entwicklung von Rapport mit dem Kunden betont. Also einer Art Übereinstimmung mit den Gesten, der Mimik und den Interessen des Kunden. Dass man eine vertrauensvolle Beziehung zum Kunden aufbauen soll, habe ich hingegen nicht gelernt. Auch nicht, wie man prüft, ob man jemandem Vertrauen und Respekt entgegen bringen kann. Wenn ich Sue und Sam nicht dabei beobachtet hätte, würde ich gar nicht glauben, dass es überhaupt möglich ist. Schon gar nicht in nur einem einzigen Treffen. Die beiden Verkäufer von WPC haben mit fast allen Kunden eine vertrauensvolle Beziehung aufgebaut. Und ich finde es immer noch unglaublich, dass die Kunden auf so persönliche Fragen geantwortet haben.

VP: Das Prinzip ist einfach. Fast jeder wird dir so gut wie jede Frage wahrheitsgemäß und in vollem Umfang beantworten. Vorausgesetzt, du willst die Antwort wirklich wissen und bist nicht manipulativ.

Sal: Das hat Sue auch gesagt. Warum funktioniert es auf diese Weise?

VP: Ich weiß es, ehrlich gesagt, nicht. Aber aus der Erfahrung weiß ich, dass es so funktioniert.

Sal: Vielleicht funktioniert es, weil…

VP: (Unterbricht) Es ist müßig, darüber zu spekulieren. Ein Hammer ist wirkungsvoll, gleichgültig, ob du seine Wirkungsweise verstehst oder nicht. Wenn du ein Meister deines Handwerks sein willst, werde gut darin, deine Werkzeuge wirkungsvoll anzuwenden!

Sal: Okay. Aber es kommt mir merkwürdig und aufdringlich vor, jemandem, den ich gerade erst kennenlerne, so persönliche Fragen zu stellen.

VP: Schau. Gerade in einer Anfangssituation willst du jemanden wirklich kennenlernen. Deine Aufgabe als Verkäufer ist, auf wirkungsvolle Art herauszufinden, ob du diesem Kunden Vertrauen und Respekt entgegen bringen kannst. Wenn die Antwort „Ja" lautet, wirst du wahrscheinlich in der Lage sein, eine Beziehung aufzubauen, aus der beide Seiten einen Nutzen ziehen. Außerdem: Je mehr du über deine Kunden weißt, desto einfacher kannst du das liefern, was sie wollen.

Sal: Das verstehe ich.

VP: Anderseits, wenn du den Kunden nicht für vertrauenswürdig hältst, kannst du das Gespräch beenden, bevor du zu viel Zeit verlierst.

Sal: Warum ist es dir so wichtig, ob wir Kunden vertrauen können? Im Grunde genommen machen wir doch nur Geschäfte mit ihnen.

VP: Mache keine Geschäfte mit jemandem, dem du nicht vertraust oder der dir nicht vertraut! Es zahlt sich letzten Endes selten aus.

Sal: Was könntest du über einen Kunden erfahren, das du nicht für vertrauenswürdig hältst?

VP: Du könntest beispielsweise erfahren, dass der Kunde in der Vergangenheit gerne Verkäufer an der Nase herumgeführt hat. Dass er die wesentlichen Informationen zurückhält. Dass er einen Verwandten oder Freund hat, der für deinen Konkurrenten arbeitet. Dass er Verkäufer nur benutzt, um an wertvolle Informationen zu kommen. Dass er Aufträge nie pünktlich bezahlt und in der ganzen Abwicklung unkooperativ ist.

Beende das Gespräch umgehend, wenn du, aus welchem Grund auch immer, spürst, dass du dem Kunden nicht vertraust. Selbst wenn du nicht genau sagen kannst, warum. Vertraue auf dein Bauchgefühl.

Sal: Warum sollte dir ein Kunde diese Dinge erzählen?

VP: Wenn du mit Kunden eine vertrauensvolle Beziehung aufbaust, werden sie dir in der Regel jede echte Frage beantworten. Und die meiste Zeit werden Sie über Angelegenheiten sprechen, nach denen du gar nicht gefragt hast.

Sal: Ziehen Kunden aus „Beziehungen aufbauen" auch Vorteile?

VP: Was glaubst du, was der Kunde macht, während du diese kleine Übung durchführst? Er überprüft dich ebenfalls auf deine Vertrauenswürdigkeit.

Sal: Wie macht er das?

VP: Es geschieht ganz automatisch. Wie eine unmittelbare, instinktive Erkenntnis, die wir über den Anderen gewinnen. Bist du vertrauenswürdig, dann zeigt sich das. Dein Gegenüber wird das bemerken. Nicht zwangsläufig hier oben (zeigt auf seinen Kopf), aber hier unten (zeigt auf seinen Bauch).

Sal: Da Kunden bei High Probability Selling das Reden übernehmen, sollte es für den Verkäufer einfach sein, vertrauenswürdig zu wirken.

VP: Nicht unbedingt. Bei High Probability Selling ist es ziemlich schwer, sich zu verstellen. Wenn du konsequent hinter dieser Methode stehst, dann sagen alle Beteiligten die Wahrheit, weil der Termin sonst ein Fehlschlag für alle wird. Deshalb musstest du einen Test ablegen, bevor wir dich eingestellt haben. Wir beschäftigen nur Menschen, die über die Fähigkeit beziehungsweise Neigung zu Ehrlichkeit und Aufrichtigkeit verfügen.

Sal: Warum wehren sich Kunden nicht gegen derart persönliche Fragen? Im Grunde genommen bist du doch völlig fremd.

VP: Abwehr ergibt sich immer aus einem Gefühl des Misstrauens. Die Phase „vertrauensvolle Beziehungen aufbauen" schafft Vertrauen. Abwehr wird so vermieden. Wenn Kunden mit dir offen und ehrlich über höchst persönliche Dinge sprechen, schenken sie dir mehr und mehr Vertrauen. Je länger die Befragung dauert, desto mehr nehmen sie ganz unbewusst deine Reaktionen auf ihre Antworten wahr. Um eine Atmosphäre des Vertrauens aufrecht erhalten zu können, musst du an ihren Aussagen aufrichtig interessiert sein. Aber gib kein Urteil über ihre Aussagen, Erlebnisse und Gefühle ab. Höre einfach zu. Deine kindliche Neugier bringt dich ohne Mühen ans Ziel.

Sal: Wie soll das alles während eines einzigen Termins zu schaffen sein? Im Normalfall braucht es doch Monate oder Jahre, um mit jemandem eine vertrauensvolle Beziehung aufzubauen.

VP: Entweder es passiert während des ersten Termins oder es passiert gar nicht. Kunden sind dann am empfänglichsten für deine Fragen. Nur zu diesem Zeitpunkt startet man als unbeschriebenes Blatt.

Sal: Ich habe beobachtet, dass unsere Verkäufer anscheinend keinen Fragenkatalog benutzen. Gibt es Fragen, die du immer bei „vertrauensvolle Beziehungen aufbauen" stellst?

VP: Nicht in dieser Phase. Wenn sich zwei fremde Menschen treffen, kann man in der Regel nicht voraussagen, in welche Richtung das Gespräch gehen wird. Also beginnt man, Fragen zu stellen, die die benötigten Informationen liefern.

Sal: Den Übergang von „Ich bin Sal von WPC Verpackungen" zu „Erzählen Sie mir etwas über Ihre Frau und Kinder" finde ich etwas holprig. Für mich wirkt das unnatürlich.

VP: So macht man das auch nicht!

Sal: Ich weiß nicht, was ich fragen soll.

VP: Es kommt nicht auf die Fragen an, sondern darauf, ob du an den Antworten ernsthaft interessiert bist. Ich sehe ein, dass dieser Schritt eine Herausforderung ist. Wenn es offensichtlich oder leicht zu verstehen wäre, könnten wir in unseren Trainingsprogrammen für Verkäufer viel Zeit und Geld sparen. Einige Menschen bauen Beziehungen ganz natürlich auf. Aber die meisten haben es bereits in der Kindheit verlernt. Manche haben sogar gelernt, unnatürlich zu wirken. Deshalb musst du erneut lernen und üben, wie man Beziehungen aufbaut.

Ich gebe dir ein paar Beispiele, was ich Kunden während des ersten Termins frage. Probiere das bei Kunden aus, mit denen du bereits Termine vereinbart hast.

Wenn du einen Kunden zum ersten Mal besuchst, dann finde etwas über das Erscheinungsbild seines Unternehmens heraus. **Beobachte, was am Gebäude, Standort oder Erscheinungsbild des Unternehmens dein Interesse weckt. Stell eine Frage zu dieser Beobachtung:**

Das ist ein interessantes Gebäude. Stammen die Entwürfe von einem bekannten Architekten?

Dieses Gebäude sieht aus, als sei es vor einhundert Jahren eine Textilfabrik gewesen. Wie lange betreiben Sie Ihr Unternehmen schon?

Von meinem Büro aus habe ich eine Stunde gebraucht, bis ich zu Ihnen gefunden habe. Kommen Sie hier aus der Gegend?

Du kannst den Kunden auch fragen, wie er zu dem geworden ist, was er heute ist:

Wie lange arbeiten Sie schon für das Unternehmen XYZ?
Wo haben Sie davor gearbeitet?

Wie haben Sie den Einstieg in diese Branche geschafft?
Was haben Sie davor gemacht?

Wie lange unterrichten Sie schon Naturwissenschaften?

Wann haben Sie sich entschieden, Professor zu werden? Warum?

Solange du die nächste Frage so stellst, dass sie sich auf die letzte Antwort bezieht, wird der Kunde diese Fragen höchstwahrscheinlich beantworten. Er wird sich immer mehr in das Gespräch vertiefen.

Sal: Gib mir ein Beispiel.

VP: Angenommen, dein Kunde sagt: „Die ersten zwei Jahre nach dem Einstieg waren für mich sehr hart." Dann frage ihn: „Warum?" oder „Was war hart daran?" oder „Was ist passiert?" Reagiere auf seine Aussage nicht mit der Frage: „Wie viele Kinder haben Sie?" oder „Verfolgen Sie die Spiele in der Fußball-Bundesliga?"
Die Fähigkeit zuzuhören baut Beziehungen auf. Du musst deinem Kunden zuhören. Wenn eine Person etwas Persönliches über sich selbst enthüllt, ehrt sie dich mit ihrem Vertrauen. Wenn du darauf nicht mit einer Frage reagierst, die eine ernsthaft interessierte Person stellen würde, signalisierst du deutlich, dass du nicht wirklich interessiert bist. Dass du nur so tust als ob. Ab diesem Moment bist du für den Kunden offensichtlich nicht vertrauenswürdig.

Sal: Gibt es bestimmte Arten von Fragen, die man stellen sollte?

VP: Ja. Stelle in dieser Phase immer offene Fragen, zum Beispiel:

Warum?
Was haben Sie getan?
Wie sind Sie damit umgegangen?
Was hat Sie dazu gebracht?

Offene Fragen geben dem Kunden eher die Gelegenheit, sich umfassend mitzuteilen. Vermeide kurze „Ja"- oder „Nein"-Antworten.

Sal: Wann beendet man die Phase „vertrauensvolle Beziehungen aufbauen"?

VP: Wenn du einen Punkt erreicht hast, an dem du eine klare Wahrnehmung über die betreffende Person hast. Du hast diesen Punkt in der Regel dann errreicht, wenn du sehr tiefe persönliche Antworten erhältst. Dann hast du genug Informationen. Jetzt kannst du entscheiden, ob du mit dieser Person Geschäfte abschließen willst oder nicht.
Der Aufbau einer Beziehung zum Kunden ist wichtig, weil du so ermitteln kannst, ob du ihm vertraust und ihn respektierst. Merke dir: Mache ausschließlich mit Kunden Geschäfte, denen du vertraust und die du respektierst! Beende das Gespräch höflich, aber bestimmt, wenn die Chemie nicht stimmt.

Sal: Wie kannst du das Gespräch einfach beenden, ohne zu versuchen, etwas zu verkaufen? du bist doch bereits vor Ort.

VP: Es ist so: Jedes Produkt, jede Dienstleistung hat Wettbewerber. Deshalb versuchen in der Regel mindestens zwei Verkäufer, den gleichen Auftrag von einem Kunden zu bekommen. Die meisten Produkte und Dienstleistungen stehen im Wettbewerb und unterscheiden sich nicht wesentlich. Wenn das der Fall ist, wird ein Kunde von derjenigen Person kaufen, der er Vertrauen und Respekt entgegenbringt. Du wirst den Auftrag bekommen, wenn du diese Art von Beziehung entwickeln kannst. Wenn du diese Art von Beziehung nicht aufbauen kannst, ist der Versuch, dem Kunden etwas zu verkaufen, reine Zeitverschwendung.

Sal: Angenommen, ein Kunde unterbricht mich bei dem „Beziehungen aufbauen" und will mein Produkt diskutieren.

VP: Sag ihm die Wahrheit. Erkläre ihm, dass deine Art Geschäfte zu machen eine ist, bei der du zuerst etwas über den Kunden und seine Organisation erfahren willst. Danach diskutierst du gerne dein Produkt. Frage ihn: „Sind Sie bereit, in diese Richtung weiterzugehen oder ziehen Sie es vor, das Gespräch dabei zu belassen?"

Sal: Was mache ich, wenn er sagt: „Kommen wir zum geschäftlichen Teil"?

VP: Antworte: „So wie ich Geschäfte mache, will ich zuerst so viel wie möglich über meine Kunden wissen. Auf diese Weise finde ich heraus, wie ich mit ihnen umgehen muss. Ich will auch herausfinden, ob ich ihnen Vertrauen und Respekt entgegen bringen kann. Ich mache ausschließlich mit Kunden Geschäfte, denen ich vertraue und die ich respektiere. Meine Kunden haben gleichzeitig die Gelegenheit, ihre eigenen Schlüsse über mich zu ziehen. Also, sind Sie bereit, diese Art von Gespräch fortzuführen oder soll ich gehen?"

Sal: Du gehst, wenn er nicht bereit ist, weiterzumachen?

VP: Ja! Wenn er nicht bereit ist, deine Fragen zu beantworten. Du disqualifizierst ihn, weil er kein High Probability Prospect ist.

Sal: Aber wenn ich mein Prospecting richtig mache, dann hat er sich doch schon als High Probability Prospect qualifiziert?

VP: Du kannst Kunden immer disqualifizieren. Wenn ein Kunde wirklich etwas von dir kaufen will, dann ist er auch fast immer bereit, mit dir zu sprechen und zu handeln. High Probability Prospects wollen mit dir eine Geschäftsbeziehung aufbauen. Dass so jemand dich später als Kunde hinhält oder kurz angebunden ist, kommt nur selten vor. Die ersten Eindrücke sind bleibende Eindrücke. Die Informationen, die der Kunde während des ersten Termins herausgibt, stehen stellvertretend für das, was er dir später auch geben will.

Sal: Wird es dir nicht übel genommen, wenn du sagst, dass du ausschließlich mit Kunden Geschäfte machst, denen du vertraust und die du respektierst?

VP: Ganz und gar nicht. Es ist sogar ein Plus. Sie werden dich nicht respektieren, wenn du nicht für eigene Standards eintrittst. High Probability Verkäufer sind sehr direkt. Wenn ein Problem auftritt, nehmen sie dazu Stellung und geben dem Kunden eine Wahlmöglichkeit. Kunden schätzen es, auf diese Art und Weise behandelt zu werden.

Sal: Was passiert, wenn du selbst vertrauenswürdig bist und spürst, dass der Kunde dir nicht vertraut?

VP: Du weißt die Antwort. Was willst du noch wissen?

Sal: Die Verkäufer von WPC sagen, dass man als Verkäufer während der Phase „vertrauensvolle Beziehungen aufbauen" seine „Macht" erlangt. Was meinen sie damit?

VP: Wenn du nicht eine vertrauens- und respektvolle Beziehung aufbauen kannst, bist du nur ein weiterer Willie Loman, mit der gleichen Chance auf einen Auftrag wie deine Mitbewerber. Wenn du aber eine vertrauensvolle Beziehung aufbauen kannst, dann hast du einen dominanten Wettbewerbsvorteil. Dieser Wettbewerbsvorteil ist deine

Macht. Es ist schwer zu beschreiben. Du musst diese Erfahrung selbst machen.

Sal: Sag mir, ob ich es richtig verstanden habe. Vertrauensvolle Beziehungen zum Kunden aufzubauen, ist vergleichbar mit einer Party, auf der du jemanden kennenlernst. Du beabsichtigst aufrichtig, diese Person besser kennen zu lernen.

VP: Genau. Dein Gegenüber wird dich hauptsächlich deswegen interessant finden, weil du ernsthaft interessiert bist. Dasselbe passiert in gesellschaftlichen Situationen. Wenn du jemanden zum ersten Mal triffst, hat ein aufrichtiges Interesse an dieser Person immer eine positive Wirkung.
Das ist aber nur eine Phase im Verkaufsprozess. Sobald du eine vertrauensvolle Beziehung zum Kunden aufgebaut hast, musst du seine Verpflichtung hinsichtlich des Verkaufsprozesses prüfen. Dann prüfen wir seine Bereitschaft, eine Reihe von Verpflichtungen einzugehen. Das tun wir in der nächsten Phase: „Discovery or Disqualification" oder auf deutsch „Aufdecken oder Ausschließen".

Sal: Wie wechselst du von der einen Phase in die andere?

VP: Der Wechsel vollzieht sich von selbst. Alles, was du tun musst, ist: Stell die erste Standardfrage aus der Phase „Discovery or Disqualification"! Es gibt keine Überleitung. Das ist in Wirklichkeit recht einfach. Du wirst dich damit wohlfühlen, wenn du es bei der praktischen Anwendung beobachtest.

8. Aufdecken oder Ausschließen

VP: Nachdem du mit einem Kunden eine vertrauensvolle Beziehung aufgebaut hast, ist die nächste Phase im Verkaufsprozess das sogenannte „Discovery or Disqualification", auch „Aufdecken oder Ausschließen" genannt. Die Überleitung in diese Phase erfordert weder Raffinesse noch Fachkenntnis. Sobald ein Kunde begriffen hat, dass du an ihm wirklich interessiert bist und nicht nur versuchst, dich einzuschmeicheln, wird er dir fast jede Frage so gut wie möglich beantworten. Das „Aufdecken oder Ausschließen" ist eine Sammlung von standardisierten Fragen. **Mit diesen Fragen findest du heraus, ob und wie man mit diesem Kunden Geschäfte abschließen kann.** Je ausführlicher die Antworten sind, desto wertvoller sind meist die enthaltenen Informationen. Wenn ein Kunde dir nicht sagen will, was du wissen musst, disqualifizierst du ihn. Dann beendest du höflich, aber bestimmt das Gespräch und gehst. Die Fragen in „Aufdecken oder Ausschließen" sind allgemeiner Natur. Sie zielen auf die Art und Weise ab, wie der Kunde Geschäfte macht und Aufträge vergibt. Sie zielen nicht auf deine Produkte und Dienstleistungen ab. Dazu zwei Beispiele:

Warum brauchen Sie **dieses Produkt?**

nicht

Warum brauchen Sie **unser Produkt?**

Warum brauchen Sie **Verpackungen mit Werbedisplay?**

nicht

Warum brauchen Sie **WPC-Verpackungen mit Werbedisplay?**

Die Fragen in „Aufdecken oder Ausschließen" sind eindeutig. Sie sollen mögliche Fehlinterpretationen vermeiden. Du solltest deshalb die Fragen in ihrem genauem Wortlaut ausgedruckt dabeihaben! Schreib die Antworten des Kunden in ihrem genauen Wortlaut auf! Wie er es genau gesagt hat, kann später von wesentlicher Bedeutung sein.

Hier sind die 13 Standardfragen aus der Phase „Aufdecken oder Ausschließen". (Anmerkung an den Leser: Wenn im Folgenden der Begriff „Produkt"
verwendet wird, dann ersetzen Sie ihn durch das Produkt oder die Dienstleistung, die Sie verkaufen wollen.)

Die 13 Standardfragen

---

1. Bedarf bestimmen

„Warum brauchen Sie dieses Produkt?"

Kunden mögen einen Bedarf an einem Produkt wie deinem haben oder nicht.
Diese Frage öffnet das Gespräch. Lass dir vom Kunden seine Gründe geben,
warum er ein Produkt wie deines braucht.

---

2. Wollen bestimmen

„Wollen Sie dieses Produkt?"

Kunden können ein Produkt wollen, aber nicht brauchen. Oder auch umgekehrt.
So oder so, du brauchst diese Information. Wenn der Kunde „Ja" sagt, frage ihn:

„Warum?"

Die Gründe können dich überraschen. Kunden beantworten diese Fragen meist
genau und ausführlich. Wenn sie dein Produkt nicht wollen, gibt es nichts mehr
zu besprechen. Beende das Gespräch.

---

3. Finanziellen Status bestimmen

**„Dieses Produkt wird schätzungsweise xy Euro kosten. Sind Sie bereit,
diesen Betrag zu investieren?"**

---

4. Zeitliche Anforderungen bestimmen

**„Falls Sie sich entscheiden, einen Schritt weiter zugehen, wann wollen Sie,
dass dieser Auftrag ausgeführt wird?"**

„Was würde passieren, wenn es zu diesem Zeitpunkt nicht losgeht?"

5. Entscheidungsträger bestimmen

Zu den Entscheidungsträgern zählen alle Personen, die der Kunde zu Rate zieht, bevor er eine Kaufentscheidung trifft. Das können Buchhalter, Vorgesetzte, Geschäftspartner, externe Berater und Ehepartner sein. Die Entscheidungsträger verfügen nicht zwangsläufig über formelle Kompetenzen.

„Wenn Sie eine Entscheidung wie diese treffen, mit wem halten Sie in der Regel Rücksprache?"

Nachdem der Kunde seine Entscheidungsträger bekannt gegeben hat (falls es sie gibt), solltest du fragen:

„Ich muss mit diesen Personen sprechen, bevor ich ein Angebot/Proposal/ Kostenvoranschlag erstelle. Sind Sie bereit, das zu arrangieren?"

Wenn sich der Kunde dazu nicht bereit erklärt, sag:

„Auf diese Weise arbeite ich nicht. Ich bin nicht bereit, ein Angebot zu erstellen, sofern ich nicht mit diesen Personen gesprochen habe und ihre Bedenken und Zielsetzungen erfragt habe. Ich bin nicht bereit, ein Angebot zu erstellen, das wegen eines Punktes abgelehnt wird, der im Voraus hätte geklärt werden können. Was wollen Sie tun?"

6. Entscheidungsmächtige bestimmen

„Falls Sie sich entscheiden, einen Schritt weiter zu gehen, wer muss dem zustimmen?"

Wenn du etwas verkaufen willst, solltest du jede Person kennen, die über die Macht verfügt, eine Kaufentscheidung anzunehmen oder abzulehnen. Du musst mit jedem Entscheidungsmächtigen sprechen, bevor du ein Angebot erstellst. Gehe dabei auf dieselbe Art und Weise wie bei den Entscheidungsträgern vor.

7. Einsatz bestimmen

„Was würde in Ihrem Unternehmen passieren, wenn Sie dieses Produkt nicht kaufen?"

Die Antwort auf diese Frage liefert häufig interessante Informationen. Ich hatte es einmal mit einem Kunden zu tun, der mir anvertraute, dass sein Fließband abgeschaltet werden muss, wenn unser Produkt nicht pünktlich geliefert und montiert wird. Dadurch könnte er seinen Job verlieren.

8. Markenpräferenz bestimmen

„Angenommen, Sie müssten sich jetzt sofort entscheiden, ohne vorher mit mir oder einer anderen Person Rücksprache halten zu können, für welche Marke würden Sie sich entscheiden?"

9. Bevorzugten Verkäufer/Lieferanten bestimmen

„Gibt es eine Person, mit der Sie lieber Geschäfte abschließen wollen?"

Es könnte sein, dass keine personellen Vorlieben vorliegen. Aber dieser Kunde könnte auch einen Schwager in deiner Branche haben. Es ist wichtig, das so früh wie möglich festzustellen.

10. Interne Vorgehensweisen bestimmen

„Wie ist Ihre Vorgehensweise, wenn Sie einen Auftrag erteilen?"

Mach dir sorgfältig Notizen über die internen Abläufe und Vorgehensweisen bei der Auftragsvergabe. Gehe deine Notizen noch mal mit dem Kunden durch, bevor du zur nächsten Frage übergehst. Viele Aufträge gehen verloren, weil der Verkäufer die internen Abläufe und Vorgehensweisen eines Unternehmens nicht genau kennt.

11. Persönliche Beweggründe bestimmen

„Was würde es für Sie persönlich bedeuten, wenn Sie dieses Produkt nicht erwerben?"

Es kann nichts für den Kunden bedeuten. Andererseits kann es etwas bedeuten, das du nie für möglich halten würdest. Du wirst es nur erfahren, wenn du fragst.

12. Persönliche Vorurteile bestimmen

„Gibt es irgendeinen Grund, warum Sie mit mir keine Geschäfte abschließen wollen? (Pause) Etwas, worüber wir noch nicht gesprochen haben? (Pause) Einen gefühlsmäßigen Grund? (Pause) Irgendetwas?"

Wenn irgendetwas einer Geschäftsbeziehung im Wege steht, dann will man das so früh wie möglich auf den Tisch bekommen. Andernfalls machst du dir viel Arbeit und erfährst vielleicht nie, warum du den Auftrag am Ende nicht bekommen hast.

13. Versteckte Hindernisse bestimmen

„Was lauert noch im Hintergrund, das dieses Geschäft verhindern kann?"

Sal: Einige Fragen scheinen sich zu wiederholen.

VP: Das ist zum Teil richtig. Die Fragen decken wichtige Angelegenheiten auf, die thematisiert werden müssen. Jede Frage ermittelt die Geschäftsgrundlage ein bisschen anders. Wenn ein Kunde dir vertraut und dich respektiert, wird er sich durch diese Fragen nicht angegriffen fühlen. Er wird sogar jede Frage so auslegen, dass die Antwort neue Informationen hervorbringt. Die Fragen sind neutral. Die Antworten bringen die Farbe ins Bild.

Sal: Was ist der Zweck dieser dreizehn Fragen?

VP: Sie verfolgen verschiedene Zwecke:

Erstens, wichtige Informationen aufdecken, die du für ein erfolgreiches Geschäft brauchst.

Zweitens können die Antworten den Kunden sehr wirkungsvoll ausschließen.

Drittens verbessert sich deine Beziehung mit dem Kunden jedes Mal, wenn er eine Frage beantwortet und sich dabei nicht disqualifiziert.

Schließlich bekommst du die Gelegenheit, Probleme zu lösen, die sich sonst zu Dealbreakern entwickeln könnten.

Sal: Was für Probleme?

VP: Angenommen, du fragst deinen Kunden: „Wer muss noch zustimmen, wenn Sie sich entscheiden, Verpackungen mit hochwertigem Display einzukaufen?" Und er antwortet daraufhin: „Mein Geschäftspartner muss zustimmen." Was tust du dann?

Sal: Ich würde ihn fragen, ob es in Ordnung sei, mit seinem Geschäftspartner zu sprechen.

VP: Das kommt der Sache schon sehr nahe, ist aber nicht überzeugend genug. Sag ihm, entweder er arrangiert für dich einen Termin mit seinem Geschäftspartner, bevor du ein Angebot erstellst, oder er wird disqualifiziert. Das ist ein besserer Ansatz.

Sal: Wie sagst du das?

VP: „Ich muss mit Ihrem Partner sprechen, bevor ich ein Angebot erstelle. Sind Sie bereit, für mich einen Termin zu vereinbaren?"

Sal: Was, wenn er nicht will? Wenn er sagt, dass er lieber selbst das fertige Angebot seinem Partner präsentieren wird?

VP: Dann antwortest du: „Auf diese Weise arbeite ich nicht. Sie können die Fragen Ihres Partner nicht beantworten, ich kann es. Und ich muss seine Ziele und Bedenken herausfinden, bevor ich ein Angebot erstelle. Was wollen Sie tun?"

Sal: Und du disqualifizierst ihn einfach nur deshalb, weil er kein Gespräch mit seinem Geschäftspartner arrangieren will?

VP: Ganz recht.

Sal: Das ist knallhart.

VP: Nein, es ist schlau und sparsam. Knallhart erzielt keine Ergebnisse. Aber Standards einhalten und direkt sein schon.

Sal: Was tust du, wenn du die Antwort deines Kunden auf eine deiner Fragen nicht verstehst?

VP: Frage direkt nach einer Erläuterung: „Ich habe nicht verstanden, was Sie gerade gesagt haben. Was meinen Sie damit?"

Sal: Und wenn die Antwort ausweichend erscheint?

VP: Stell sicher, dass der Kunde die Frage versteht. Gehe unter keinen Umständen zur nächsten Frage über, solange du mit der Antwort nicht völlig zufrieden bist. Die Frage, die du durchgehen lässt, wird dir später noch schlaflose Nächte bereiten.

Sal: Und wenn der Kunde der Frage wirklich ausweicht?

VP: „Sie scheinen meiner Frage auszuweichen. Gibt es ein Problem?"

Sal: Und wenn er die Beantwortung der Frage trotzdem vermeidet?

VP: Erkläre ihm, dass du nicht weitermachst, solange diese Frage nicht beantwortet wird.

Sal: Ist das nicht beleidigend?

VP: Ganz im Gegenteil. Die Tatsache, dass du deinem Verkaufsprozess verpflichtet bist und deine Standards einhältst, stärkt den Respekt des Kunden vor dir.

Sal: Wie viele Möglichkeiten gibt es für einen Kunden, sich während der Phase „Aufdecken oder Ausschließen" zu disqualifizieren?

VP: Vierzehn, eine für jede Frage.

Sal: Dein Schwerpunkt scheint auf dem Disqualifizieren beziehungsweise Ausschließen zu liegen. Ist es nicht gefährlich, sich nur auf das Negative zu konzentrieren?

VP: Nein. Es ist aber sehr gefährlich, negative Punkte im Verkauf zu ignorieren. In der Phase „Aufdecken oder Ausschließen" werden alle Probleme thematisiert und gelöst, die im traditionellen Verkauf als „Einwände" behandelt werden, ohne sie zu lösen. Außerdem lassen echte High Probability Prospects nicht zu, dass sie disqualifiziert werden.

Sal: Du hast nur dreizehn Fragen erwähnt. Aber es gibt vierzehn Möglichkeiten für Kunden, sich auszuschließen. Habe ich eine übersehen?

VP: Eine Frage hebe ich mir bis zum Schluss auf.

Sal: Etwas verwirrt mich noch. Ich erinnere mich, dass du und Sue mir erzählt habt, dass High Probability-Verkäufer „den Verkaufsprozess kontrollieren". Das ist doch Manipulation? Wird der Kunde nicht erkennen, was du tust? Wird er darauf nicht mit Widerstand reagieren, gleichgültig, ob du es Kontrolle oder anders nennst? Wehren sich Leute nicht dagegen, kontrolliert zu werden?

VP: Es tut mir leid, falls ich ein Durcheinander verursacht habe. Es ist wichtig, dass du das High Probability-Konzept „etwas zu kontrollieren" verstehst. Ich hätte mich bereits zu Beginn klarer über das Thema „Kontrolle" ausdrücken sollen. Fragen zu stellen, verschafft dir Kontrolle. Du behältst die Kontrolle, solange du alles, was du sagst, in Form einer Frage formulierst. Bei High Probability Selling bedeutet, etwas unter Kontrolle zu haben, dass du den Verkaufsprozess aber nicht den Kunden kontrollierst. Wenn du Fragen stellst, legst du die Tagesordnung fest. Gleichzeitig verhinderst du Widerstand, indem du die Antworten des Kunden akzeptierst und nicht versuchst, den Kunden zu überreden oder zu überzeugen.

Mach deinem Kunden durch deine Haltung deutlich, dass du genau das liefern willst, was er haben will. Gleichzeitig musst du bereit sein, das Gespräch zu beenden, wenn der Kunde nicht mit dem zufrieden ist, was du liefern kannst. Selbst wenn der Kunde mit dem zufrieden ist, was du anbietest, musst du das Gespräch beenden, falls der Kunde nicht vertrauenswürdig, kooperativ und offen ist. Wenn du so vorgehst, ist Abwehr und Ablehnung kein Thema mehr.

Sal: Folgt dir der Kunden deshalb, weil du von Anfang an eine Interview-Methode einsetzt?

VP: Teilweise. Was aber wichtiger ist, dass du aufrichtig zu dem stehst, was du tust, dass du die Antworten auf deine Fragen wirklich wissen willst, dass du nicht versuchst, den Kunden von irgendetwas zu überzeugen und dass du nicht deine Aufgabe darin siehst, ihn zum Kauf zu bewegen. Ich will damit sagen, dass du vertrauenswürdig bist und der Kunde dies auch weiß. Du verhältst dich auf eine Art, die dieses Vertrauen auch verdient. Deshalb wird sich der Kunde wahrscheinlich von dir interviewen lassen und wird sich deinem Verkaufsprozess anvertrauen können.

Sal: Das klingt nach harter Arbeit.

VP: Es braucht Übung, um eine Interview-Methode einzusetzen. Selbst wenn die Fragen einfach und direkt sind. Deine Fragen führen den Kunden Schritt für Schritt durch den gesamten Verkaufsprozess. Während jeder Phase des Verkaufsprozesses wird die Zustimmung des Kunden für beide Seiten laut und deutlich ausgesprochen. Gehe nie zu der nächsten Phase über, wenn du zur aktuellen noch nicht das Einverständnis des Kunden bekommen hast.

Sal: Gib mir dafür ein Beispiel.

VP: Angenommen, der Kunde fragt: „Können Sie die Außenseiten der Displays auch mit einer Metalliclackierung beschichten?" Wir machen das nicht. Wie würdest du die Frage beantworten?

Sal: Nun ja, mein alter Ansatz wäre, ihm zu sagen, dass wir seine Anforderungen mit der derzeitigen Technik nicht erfüllen können und warum wir es nicht können. Dann hätte ich ihm erklärt, dass es sich bei dem Verfahren von WPC um einen hochwertigen Offsetdruck handelt und dass dieser viel attraktiver als eine Beschichtung mit einer Metalliclackierung ist. Aber diese Reaktion stellt keine Frage. Wie kann man besser vorgehen?

VP: Beantworte die Frage zuerst wahrheitsgemäß und direkt. Dann biete ihm eine echte Wahlmöglichkeit und frage nach einer Verpflichtung. Das ist besser, als eine Manipulation zu versuchen.

Sal: Und wie mache ich das?

VP: Versuche das: „Nein. Wir beschichten die Außenseite unserer Displays nicht mit einer Metalliclackierung. Diese Art der Beschichtung ist unserer Erfahrung nach nicht langlebig genug, um dem Einsatz in einem Supermarkt, einer Tankstelle oder beim Einzelhändler lange genug standzuhalten. Wollen Sie einen hochwertigen Offsetdruck akzeptieren oder muss es eine Metallicbeschichtung sein?"

Sal: Na ja, aber das lädt doch ein zu sagen „Nein, es muss eine Metallicbeschichtung sein." Aber wenn ich ihm noch etwas über all die anderen Vorzüge unserer Verpackungen erzählen würde, ändert er eventuell seine Meinung und verzichtet auf die Metallicbeschichtung.

VP: Ja, er ändert eventuell seine Meinung. Aber in High Probability Selling setzen wir den Verkaufsprozess nicht fort, nur weil ein Kunde „eventuell" seine Meinung ändern könnte. Wenn ein Kunde aufgrund eines Faktors, den wir nicht ändern können, mit hoher Wahrscheinlichkeit unser Produkt nicht kaufen wird, dann beenden wir den Kundenbesuch und sparen uns weitere Mühen.

Sal: Das ist konsequent. Durch die Frage „Wollen Sie einen hochwertigen Offsetdruck akzeptieren oder muss es eine Metallicbeschichtung sein?" bekomme ich entweder Einverständnis und Verpflichtung des Kunden oder ich beende den Kundenbesuch.

VP: Genau. Das ist das Wesen von High Probability Selling. Fordere bei jedem Schritt im Verkaufsprozess Einverständnis und Verpflichtung vom Kunden. Wenn du durch beständiges Fragen die Kontrolle behältst und bei jedem Schritt das Einverständnis und die Verpflichtung einforderst, erzielst du auf wirkungsvolle Weise einen Abschluss, der beide Seiten zufriedenstellt.

Sal: Wo ist die Verpflichtung in dem Beispiel mit der Metallicbeschichtung?

VP: Der Kunde kann entweder kaufen, was wir anbieten, oder nicht von uns kaufen. Er hat die Wahl.

Sal: Und beide Antworten sind annehmbar. Es braucht etwas Disziplin, die Entscheidung eines Kunden, nicht zu kaufen, zu akzeptieren. Der traditionelle Verkäufer in mir versucht immer noch, jeden Verkauf abzuschließen.

VP: Deine Ansichten ändern sich mit der praktischen Übung. Du wirst feststellen, dass eine gewisse Macht darin liegt, Kunden zu einem „Nein" einladen zu können, wenn sie „Nein" meinen.

Sal: Wie lautet die vierzehnte Frage?

VP: Wenn alle dreizehn Frage aus „Aufdecken oder Ausschließen" zu Deiner Zufriedenheit beantwortet sind und sich der Kunde bis dahin nicht disqualifiziert hat. Dann stellst du die vierzehnte Frage:

„Wenn ich all Ihre Kriterien (oder Bedingungen der Zufriedenheit) für dieses Produkt erfüllen kann, was werden Sie tun?"

Sal: Angenommen, er antwortet: „Was meinen Sie damit?"

VP: Dann sagst du: „Was glauben Sie, was ich damit meine?"

Sal: Es klingt ein bisschen arrogant.

VP: Für wen?

Sal: Nun ja, für mich hört es sich arrogant an. Ich kann mir vorstellen, dass die meisten Kunden es auch so empfinden werden.

VP: Es hört sich für Verkäufer arrogant an, die um jeden Auftrag betteln müssen. Für High Probability Prospects hört es sich nicht arrogant an. Sie wissen genau, was du damit meinst.

Sal: Was, wenn der Kunde die vierzehnte Frage mit „Ich werde Ihr Angebot ernsthaft in Erwägung ziehen" beantwortet?

VP: Du sagst ihm: „Auf diese Weise arbeite ich nicht. Ich bin nicht bereit, ein Angebot zu erstellen, sofern ich nicht ihre Verpflichtung habe, dass ich Ihren Auftrag erhalte, falls ich all Ihre Kriterien erfülle. Was wollen Sie tun?" Du disqualifizierst ihn. Es sei denn, er erklärt dir klar und deutlich, dass du seinen Auftrag bekommst, wenn du seine Kriterien erfüllst.

Sal: Habe ich schon genug gelernt, um das bei meinen ersten Kundenterminen ausprobieren zu können?

VP: Wir sollten noch das High Probability Closing besprechen.

9. Gute Geschäfte abschließen

Sal: Seit einigen Wochen beobachte ich unsere Verkäufer bei Kundenterminen. Dabei konzentriere ich mich immer mehr auf das High Probability Closing.

VP: Okay. Was hast du dabei beobachtet?

Sal: Nun ja, wenn du beim High Probability Closing ankommst, hast du die harte Arbeit größtenteils erledigt.

VP: Wenn du High Probability Selling einige Zeit anwendest, wirst du unseren Verkaufsprozess nicht mehr als schwierig und ungewohnt erleben, sondern als leicht und einfach. Du wirst dich fragen, wie du jemals anders verkaufen konntest.

Sal: Das High Probability Closing erinnert mich an das traditionelle Verkaufen.

VP: Wie meinst du das?

Sal: Für mich sieht es so aus, als ob unsere Verkäufer ihre Kunden manipulieren. Die Kunden scheinen bereit zu sein, fast alles zu tun, was der Verkäufer vorschlägt.

VP: Es sieht nur so aus. Kunden sind aufgrund der vertrauensvollen Beziehung, die während des gesamten Verkaufsprozesses entwickelt wurde, an diesem Punkt sehr kooperativ. Aber dieses Vertrauen kann innerhalb von Sekunden zerstört werden, wenn du anfängst, den Kunden zu manipulieren. Manipulation ist der natürliche Feind des Vertrauens.

Unsere Methode erfordert von beiden Seiten Vertrauen. Bei High Probability Closing werden Einverständnisse und Verpflichtungen ausgehandelt. Dazu ermitteln wir die Bedingungen der Zufriedenheit des Kunden.

Sal: Habe ich es richtig verstanden? Du beginnst nicht mit der Abschlussphase, solange keine vertrauensvolle Beziehung aufgebaut ist und solange du keine zufriedenstellenden Antworten auf alle Fragen aus „Discovery or Disqualification" erhalten hast? Warum sagst du mir dann, dass der Abschluss bereits mit dem Anfang unseres Verkaufsprozesses beginnt?

VP: Der Abschluss beginnt bereits mit dem Anfang des Verkaufsprozesses. Zuerst stellst du Fragen und bietest Wahlmöglichkeiten an. Der Kunde macht jedes Mal einen Abschluss, wenn er sich entscheidet, einen Schritt weiter zu gehen. Wenn du schließlich die Phase erreichst, die wir die Abschlussphase nennen, ermittelst du ganz genau die Bedingungen der Zufriedenheit des Kunden.
Sobald du vom Kunden eine Verpflichtung in Bezug auf seine Bedingungen der Zufriedenheit bekommst, hast du den Auftrag fast sicher in der Tasche. Die meisten Kunden halten ihre Verpflichtungen ein. Du bist dann verpflichtet, die Bedingungen der Zufriedenheit deines Kunden zu erfüllen.

Sal: Was passiert, wenn ein Kunde seine Verpflichtung nicht einhält?

VP: Dann disqualifizierst du diesen Kunden. In den meisten Branchen gibt es mehr als genug Kunden. Lehne Geschäftsbeziehungen mit Leuten ab, die ihr Wort nicht halten. In Branchen mit sehr wenigen potenziellen Kunden wirst du leider alles Irgendmögliche tun müssen, um mit diesen Leuten Geschäfte abzuschließen. Das passiert vor allem dann, wenn deine Vorgesetzten meinen, mit einem bestimmten Unternehmen Geschäfte machen zu müssen. Langfristig machst du meist Verlustgeschäfte mit Kunden, die ihre Verpflichtungen nicht einhalten.

Sal: Wenn ich unsere Verkäufer beobachte, wie sie die Bedingungen der Zufriedenheit ermitteln, macht das immer einen ziemlich einfachen Eindruck. Es sieht so aus, als ob sie seit Beginn des Verkaufsprozesses eine gute Vorstellung davon hätten, was der Kunde will. Viele der Bedingungen sind bereits während der „Aufdecken oder Ausschließen" Phase bestimmt worden.

VP: Das ist oft richtig. Es ist aber wichtig, die aus der „Aufdecken oder Ausschließen"-Phase erhaltenen Informationen zu überprüfen. Sie ganz formell in die Bedingungen der Zufriedenheit einzuarbeiten. Ist dir aufgefallen, wie Kunden im Allgemeinen während der Abschlussphase reagieren?

Sal: Die Bedingungen der Zufriedenheit werden immer sehr direkt verhandelt. Die Kunden wirken durchwegs kooperativ. Sie machen dem Verkäufer das Leben nicht schwer. Zumindest nicht auf die Art und Weise, die ich bei traditionellen Abschlusstechniken erlebt habe.

VP: Was glaubst du, woran das liegt?

Sal: Nun ja, wenn der Verkaufsprozess in der Abschlussphase ankommt, haben sich die Kunden bereits entschieden, den Auftrag zu vergeben. Deshalb suchen sie nach Punkten, auf die man sich einigen kann. Sie suchen nicht nach Wegen, „Nein" zu sagen. Weil du sie nicht drängst, etwas zu tun, was sie nicht wollen, zeigen sie keinen Widerstand.

VP: Vertrauen und Respekt schmieren den Abschlussprozess.

Sal: Das verstehe ich. Ohne eine vertrauensvolle Beziehung wäre der Abschluss genau derselbe Albtraum wie beim traditionellen Verkauf. Aber High Probability Closing ist kein Tauziehen. Es ist einfach eine sehr entspannte und angenehme Form der Verhandlung.

VP: Okay. Wie beginnst du die Abschlussphase?

Sal: Zuerst signalisiere ich dem Kunden, was ich als Nächstes tun will. Dazu sage ich: „Jetzt ist es an der Zeit, Ihre Bedingungen der Zufriedenheit zu diskutieren. Ich werde alles, was Sie wollen, all Ihre Anforderungen und Bedingungen, genau notieren. Auf diese Weise bestimme ich, ob ich liefern kann, was Sie wollen. Wollen Sie das tun?"

VP: Sehr gut. Du bietest dem Kunden die Wahl an. Auch die Wahl „Nein" zu sagen, wenn er sich dafür entscheidet. Und dann?

Sal: Dann wiederhole ich, was er zum „Brauchen" und „Wollen" in der „Discovery or Disqualification"-Phase gesagt hat. Ich frage ihn, ob diese Aussagen korrekt sind. Ob es noch etwas gibt, das er hinzufügen will.

VP: Was machst du dann?

Sal: Dann will ich sehr konkret wissen, was er will. Ich will auch wissen, was er nicht mehr akzeptieren wird.

VP: Was sagst du, wenn der Kunde etwas will, dass wir nicht liefern können?

Sal: Dann sage ich ihm, was wir liefern können und was nicht. Falls wir eine Alternative liefern können, biete ich sie ihm an. Ich versuche jedoch nie, ihn zu irgendetwas zu überreden. Und ich vermeide es nie, ihm die Nachteile seiner Wahl aufzuzeigen.

VP: Okay. Was dann?

Sal: Dann frage ich den Kunden, wie er oder sie die Erfüllung seiner Bedingungen der Zufriedenheit feststellen will. Wenn er beispielsweise sagt, das unsere Verpackungen „leicht aufzubauen" sein sollen, frage ich: „Wie werden Sie das messen?" oder „Können wir die Leichtigkeit des Aufbaus messen, indem wir feststellen, wie viel Zeit einer ihrer Verpacker für den Aufbau einer Verpackung braucht?" Dann bestehe ich auf einer exakten Zeitmessung, zum Beispiel fünfzig Sekunden inklusive versiegeln. Wenn mir ein Kunde sagt, dass er die Verpackung mit „lebendigen Farben" gestaltet haben will, bitte ich um ein Beispiel der farblichen Mindestqualität, die er gerade noch akzeptieren wird.

VP: Wie verhältst du dich, wenn der Kunde Referenzen von Firmen will, die unsere Displays bereits verwenden?

Sal: Ich frage ihn, wie viele Referenzen er braucht und ob er beabsichtigt, mit diesen Firmen in meiner Anwesenheit Kontakt aufzunehmen. Wenn er dem zustimmt, frage ich ihn, was er tun wird, falls er positive Rückmeldungen aus diesen Telefonaten erhält.

VP: Nehmen wir an, du bist so weit gekommen und er sagt: „Wenn das passiert, gebe ich Ihnen den Auftrag." Was tust du dann?

Sal: Unsere Verkäufer gehen an diesem Punkt sehr unterschiedlich vor. Ich bin mir nicht sicher, was die korrekte Vorgehensweise ist.

VP: Je nach Situation sind sie wahrscheinlich alle korrekt. High Probability Selling ist ein sehr genauer Verkaufsprozess. Wenn unsere Verkäufer an diesem Punkt unterschiedlich vorgehen, handelt es sich vermutlich um unterschiedliche Situationen.

Zum Beispiel musst du einen akzeptablen Preis bestimmen, wenn du mit dem Kunden noch nicht über die Preisgestaltung gesprochen hast. Dazu kannst du sagen: „Als wir über die Preisgestaltung gesprochen haben, sagten Sie, dass Sie mit der Verpackung die Vorteile einer Werbung am Verkaufsort nutzen wollen, ohne dafür Mehrkosten in Kauf nehmen zu müssen. Wenn wir mit dieser Verpackung Ihre Lohn- und Lagerhaltungskosten senken können, sich aber die Materialkosten etwas erhöhen, was tun Sie dann?" Wenn er antwortet: „Vorausgesetzt, es gibt eine Nettoersparnis, kaufe ich Ihr Produkt!", dann kannst du den nächsten Schritt gehen.

Sal: Was ist der nächste Schritt?

VP: Rechnen! Bestimme genau, wie viel dieser Kunde bei den Lohn- und Lagerhaltungskosten einsparen wird. Bestimme, wie viel dann noch für erhöhte Materialkosten übrig ist. Der Kunde muss diese Berechnungen sehen. Er muss sich zu einem Auftrag verpflichten, wenn es ihm tatsächlich eine Nettoersparnis einbringt. Aber denke immer daran, frage nie nach dem Auftrag!

Sal: Das hast du mir bereits mehrmals gesagt. Trotzdem hört es sich für mich nicht richtig an. Nach dem Auftrag zu fragen, darum geht es doch im Verkauf? Die Verkäufer von WPC fragen jedoch meist: „Falls Sie eine Nettoersparnis erzielen, was werden Sie tun?" oder „Falls wir weniger als fünfzig Sekunden brauchen, was werden Sie tun?"

Warum rücken sie nicht einfach mit der Sprache heraus und fragen nach dem Auftrag? Wenn sie auf diese Weise fragen, scheinen sich Kunden mit einer Antwort schwer zu tun. Es ist der einzige Zeitpunkt während des Verkaufsprozesses, an dem es unangenehm wird.

VP: Unangenehm für wen?

Sal: Für den Kunden und für mich, wenn ich ihn so erlebe.

VP: Es wirkt unangenehm, weil der Kunde auf zwei Wahlmöglichkeiten reduziert wird. Er kann sich entweder zu einem Auftrag verpflichten oder sich disqualifizieren und den Verkaufsprozess beenden. Unsere Methode zwingt den Kunden, dass er eine klare Verpflichtung abgibt, anstatt einfach dem Ersuchen eines Verkäufers stattzugeben. Der Kunde hat sich wahrscheinlich noch nie einem Verkäufer gegenüber verpflichten müssen. Das ist, wie ohne Kompass auf unbekanntem Terrain zu sein. Deshalb findet er es ein wenig unangenehm und ungewohnt, die Wahlfreiheit zu nutzen, die du ihm gegeben hast.

Sal: „Wahlfreiheit"! Eine interessante Betrachtungsweise.

VP: Genau das ist es aber. Wenn ein Verkäufer beim traditionellen Verkauf „einen Abschluss macht", dann fühlt sich der Verkäufer wie ein Gewinner und der Kunde fühlt sich wie ein Verlierer. Der Kunde ist wahrscheinlich erleichtert, dass der Verkauf vorbei ist, aber er fühlt sich nicht wohl damit.
Bei High Probability Selling fühlt sich der Kunde ebenfalls wie ein Gewinner. Der Kunde weiß, dass er eine Entscheidung getroffen hat. Nicht, weil er unter Druck gesetzt wurde. Sondern, weil er sich frei dazu entschieden hat. So vermeidet man „Kaufreue" und stornierte Aufträge.

Sal: Früher pflegte ich Kunden an dieser Stelle für den Auftrag zu danken und zu gehen. Im traditionellen Verkauf habe ich gelernt, das jedes weitere Wort Kunden „entkaufen" kann. Aber die Verkäufer von WPC bohren weiter, selbst nachdem sich ein Kunde verpflichtet hat.

VP: Was meinst du mit „weiter bohren"?

Sal: Zum Beispiel wenn der Kunde sagt: „Ich bin bereit, Ihnen einen Auftrag zu geben", dann fragen sie: „Sind Sie sicher, dass Sie das tun wollen?" oder „Warum?" Für mich hört es sich so an, als versuchten sie, ihm den Kauf auszureden.

VP: Das ist ein wichtiger Punkt. Diese Fragen erlauben dem Kunden, seine Verpflichtung uns gegenüber zu prüfen und zu festigen.

Sal: Warum die Umstände? Könnte eine weitere Frage nicht dazu führen, dass der Kunde seine Meinung ändert?

VP: Ja, das kann es. Aber falls er seine Meinung ändern sollte, willst du es nicht lieber gleich herausfinden? Oder willst du erst in dein Büro zurückkommen und dort eine schlechte Nachricht des Kunden auf deinem Anrufbeantworter oder auf der Mailbox vorfinden? Würdest du es nicht viel lieber herausfinden wollen, während du noch mit ihm im Gespräch bist? Während du noch die Chance hast, eine Lösung für die Bedenken des Kunden zu finden?
Wenn seine Verpflichtung schwach ist, ist es am besten, du findest das sofort heraus. Ist es nicht besser, du befasst dich persönlich mit dem Problem, als dich später am Telefon darum kümmern zu müssen? Wenn seine Verpflichtung stark ist, wird eine weitere Frage daran nicht rütteln. Ganz im Gegenteil. Wenn du den Kunden fragst: „Sind Sie sicher?" oder „Warum?", dann wird er dir wahrscheinlich die wah-

ren Gründe für seine Verpflichtung geben. Gründe, über die er vielleicht noch gar nicht gesprochen hat. Bei diesem Vorgang bestätigt er nochmals seine Verpflichtung und festigt sie.

Sal: Lass mich kurz das Thema wechseln, um eine Frage zu stellen. Gestern war ich mit Stefan bei einem großen Spielzeughersteller. Stefan geht die Bedingungen der Zufriedenheit des Kunden durch und sagt: „Ich bin sicher, dass wir all Ihre Bedingungen der Zufriedenheit erfüllen können. Wann wollen Sie, das ich zurückkomme und es Ihnen zeige?" Der Kunde vereinbart am darauf folgenden Dienstag den nächsten Termin. Dann sagt Stefan: „Wenn wir Ihnen am Dienstag demonstrieren, dass wir all Ihre Bedingungen der Zufriedenheit erfüllen, was werden Sie tun?"
Der Kunden antwortet: „Ich werde ernsthaft über Ihr Angebot nachdenken."
Darauf sagt Stefan: „Auf diese Weise arbeite ich nicht. Ich werde kein Angebot erstellen, sofern Sie sich nicht verpflichten, mit mir Geschäfte abzuschließen, falls ich Ihre Bedingungen der Zufriedenheit erfülle. Wenn Sie unser Produkt nicht kaufen wollen, selbst wenn wir Ihre Bedingungen der Zufriedenheit erfüllen, dann sagen Sie das. Es ist in Ordnung, „Nein" zu sagen, wenn Sie das wollen. Sagen Sie es einfach jetzt und nicht, nachdem ich mir die ganze Arbeit gemacht habe."
Darauf fragt der Kunde: „Erwarten Sie von mir eine Verpflichtung, bevor ich Ihr Angebot überhaupt gesehen habe?"
Stefan antwortet: „Ich denke, es ist fair, dass Sie eine Verpflichtung eingehen, mit mir Geschäfte abzuschließen, falls ich Ihre Bedingungen der Zufriedenheit erfüllen kann. Wenn Sie das nicht tun wollen, ist das in Ordnung."

Darauf erwidert der Kunde: „Andere Verkäufer legen einfach los und fordern nichts von mir. Ganz zu schweigen von irgendwelchen Verpflichtungen. Warum sollte ich mich Ihnen verpflichten?"

Stefan sieht diesem Mann direkt in die Augen und sagt: „Sie müssen sich nicht verpflichten, es sei denn, Sie wollen es. Ich werde jedoch ohne eine Verpflichtung Ihrerseits kein Angebot erstellen. Was wollen Sie tun?"

Der Kunde war sprachlos. Als könne er nicht glauben, was Stefan gerade gesagt hat. Er antwortet: „Okay. Ich werde Ihnen einen Auftrag geben, wenn Sie mir zeigen, dass Sie meine Bedingungen der Zufriedenheit erfüllen können."

Warum hat es Stefan dem Kunden so schwer gemacht? Was hat er damit bezweckt? Auf mich wirkte das sehr riskant.

VP: Bevor ich dir antworte, würde ich gerne wissen, wie Stefan den Termin beendet hat. Ich bin sicher, der Termin war da noch nicht zu Ende.

Sal: Als der Kunde gesagt hat: „Okay. Ich werde Ihnen einen Auftrag geben, wenn Sie mir zeigen, dass Sie meine Bedingungen der Zufriedenheit erfüllen können", fragt Stefan: „Sind Sie sicher, dass Sie das tun wollen?" Und der Käufer erwidert: „Ja, ich bin mir sicher."

VP: Und …?

Sal: Und dann fragt Stefan: „Warum?" Ich fasse es nicht! Stefan hat bereits den Abschluss erzielt und eröffnete das Gespräch durch diese Frage erneut.

VP: Hat das „Warum" eine Antwort erhalten?

Sal: Ja. Der Kunde gab eine Menge Gründe an, warum er WPC als Lieferant für seine Verpackungen will. Unter anderem, dass er die Art und Weise mag, mit der Stefan Geschäfte macht.

Dann sagt Stefan zu dem Kunden: „Haben Sie noch irgendwelche Zweifel, dass Sie uns Ihren Auftrag geben, wenn ich nächsten Dienstag zeige, dass wir Ihre Bedingungen der Zufriedenheit erfüllen?"

Da lächelt der Kunde und sagt: „Nein, Stefan, ich habe keine Zweifel und es wird mir ein Vergnügen sein."

VP: Also, zurück zu deiner Frage „Warum macht Stefan es dem Kunden derart schwer?" Kannst du sie jetzt selbst beantworten?

Sal: Nun ja, Stefan will sicher gehen, dass die Verpflichtung des Kunden stark ist, dass er sich eindeutig darüber im Klaren ist, dass es seine eigene Entscheidung ist, dass er die Entscheidung nicht aufgrund von Manipulation oder Überzeugungskraft des Verkäufers getroffen hat. Er will, dass der Kunde ihm sagt, dass es genau das ist, was er will und nicht das, was Stefan will.

VP: Ist das eingetroffen?

Sal: Ja.

VP: Was glaubst du, wie hoch stehen die Chancen, dass ein Kunde eine derartige Verpflichtung rückgängig macht?

Sal: Nicht sehr hoch. Es ist das Gegenteil zu „den Abschluss annehmen", einer sehr häufig trainierten traditionellen Abschusstechnik.

VP: High Probability Selling erfordert vom Verkäufer wie vom Kunden Respekt und Vertrauen für sein Gegenüber. Die Manipulation, die der „angenommenen Abschluss" beinhaltet, ist hier völlig fehl am Platz. Wir bieten dem Kunden von Anfang bis zum Ende die Wahl. Dazu gehört das Recht, „Nein" zu sagen. Wenn er sich für „Ja" entscheidet, geht er eine Verpflichtung ein und wir setzen den Verkaufsprozess fort. Wenn er sich für „Nein" entscheidet, disqualifizieren wir ihn. Wir investieren unsere Ressourcen nur in Kunden, die bereit sind, Verpflichtungen einzugehen.

Sal: Es ist ein Unterschied, dass wir dem Kunden erst unser Produkt zeigen, darüber sprechen und ein Angebot erstellen, nachdem er eine klare Verpflichtung zum Kauf eingegangen ist.

VP: Das ist ein großer Unterschied zum traditionellen Verkauf.

Sal: Also verzichten wir auf all die üblichen Produktdemonstrationen und Überzeugungsversuche vor dem Abschluss?

VP: Jetzt hast du es!

Sal: Ich habe aber immer noch den Drang, Kunden überzeugen zu wollen, wenn sie sich nicht verpflichten.

VP: Das ändert sich mit der Zeit.

Sal: Genau genommen habe ich während meiner bisherigen Verkäufertätigkeit die meiste Zeit versucht, Kunden von etwas zu überzeugen, das sie eigentlich gar nicht wollten. Kein Wunder, dass sie sich so abweisend verhalten haben.

VP: Aus diesem Grund ist traditionelles Verkaufen so schmerzhaft, schwer und erfolglos. Wenn es erfolgreich wäre, hättest du immer noch deinen alten Job.

Sal: Die alten Gewohnheiten abzulegen, dauert seine Zeit. Aber ich werde es schaffen.

VP: Bestimmt. Vergiss nie, dass High Probability Selling ein Disqualifizierungsprozess ist. Versuche, nicht jedem Kunden, mit dem du in Kontakt trittst, etwas verkaufen zu wollen. Unsere Methode besteht darin, alle Low Probability Prospects so schnell wie möglich zu disqualifizieren. Das wird bei der Mehrheit geschehen. Investiere deine Zeit und Energie nur in Kunden mit hoher Kaufwahrscheinlichkeit. Bei dieser Gruppe erzielst du die meisten Abschlüsse.

Sal: Ich schätze, es ist an der Zeit, dass ich mein Gehalt verdiene und meine ersten Kunden besuche.

VP: Na dann, nichts wie los!

10. Feedback und Feinschliff

Einige Tage später:

Sal: Ich war gestern auf drei Kundenterminen. Jeder Termin endete mit der Disqualifizierung des Kunden. Aber bei der Terminvereinbarung klang jeder wie ein High Probability Prospect. Doch dann war keiner bereit, die erforderliche Verpflichtung zum Kauf einzugehen. Was habe ich falsch gemacht?

VP: Warum denkst du, dass du etwas falsch machst?

Sal: Ich muss etwas falsch machen. Wenn sich unsere anderen Verkäufer mit ihren Prospects treffen, machen sie den Abschluss meist beim ersten Kundenbesuch. Bei mir steht es hingegen null zu drei.

VP: O.K., schauen wir mal, was sein kann.

Erstens, du bist zum ersten Mal allein auf dich gestellt. Du arbeitest erst seit Kurzem für unsere Firma. Du gehst mit einer brandneuen Verkaufs-Methode zu Kundenterminen. Ich finde es klasse, dass du froh und munter zurückgekehrt bist!

Zweitens scheinen deine Verabredungen nur Low Probability Prospects gewesen zu sein. Wenn du in der Kundensuche erfahrener wirst, kannst du am Telefon viel besser die Spreu vom Weizen trennen. Du weist dann sofort, ob es sich um einen Kunden mit einer hohen oder niedrigen Kaufwahrscheinlichkeit handelt. Aber niemand wird perfekt, ganz egal wie lange er telefoniert.

Drittens hast du bestimmt ein paar Dinge gemacht, die nicht funktionieren. Manchmal hat man am Anfang eine glückliche Hand, aber es ist nicht immer von Vorteil. Oft ist es besser, dass man erst ein paar Sachen macht, die nicht funktionieren. Daraus lernt man am meisten.

Sal: Was meinst du damit?

VP: Kunden kaufen deine Produkte gelegentlich auch dann, wenn du alles falsch machst. Und dann passiert etwas, das wir „zufällige negative Verstärkung" nennen, auch als „random negative reinforcement" bekannt. Diese Form des zufälligen Erfolges begünstigt langfristig eher unwirksame Verhaltensweisen.

Sal: Das ist vielleicht ein Problem für einen Neuling im Verkauf. Ich bin aber schon jahrelang im Verkauf tätig. Ich kenne die traditionellen Verkaufstechniken. Ich weiß, wie selten sie wirken. Ich bin nicht in Gefahr, Opfer der zufälligen negativen Verstärkung zu werden.

VP: Jeder ist zu einem gewissen Grad beeinflussbar.

Sal: Okay. Ich habe heute Morgen zwei Kundentermine und danach verbringe ich den restlichen Tag am Telefon mit der Kundensuche.

VP: Gut. Ich kann verstehen, wenn dir die Termine noch Mühe machen. Glaube mir, den meisten macht es nach einer Weile richtig Freude.

Sal: Ich will einfach nur produktiv sein. Im Augenblick bin ich frustriert.

VP: Das liegt daran, dass du derart auf Kundentermine erpicht bist, dass du dich mit Kunden verabredest, die sich nicht wirklich qualifizieren.

Der nächste Tag:

Sal: Ich hatte gestern zwei Kundentermine. Den ersten Kunden habe ich disqualifiziert. Der zweite Kunde hat mich gebeten, einen Kostenvoranschlag für Verpackungen seiner neuen Produktlinie zu erstellen. Als ich Sue davon erzählt habe, meinte sie, dass sie unsere Kalkulationsabteilung nicht bitten würde, einen Kostenvoranschlag zu erstellen. Warum rät sie mir davon ab?

VP: Was hat der Kunde gesagt, was er tun würde, wenn wir für ihn einen Kostenvoranschlag erstellten?

Sal: Er sagt, falls unser Preis stimmt, nimmt er meinen Kostenvoranschlag in sein Budget auf. Und wenn seine neuen Linie in die Produktion geht, gibt er uns den Auftrag.

VP: Sprich mit Sue darüber, einen „budgetgerechten Kostenvoranschlag" zu erstellen. Wir können so etwas ohne großen Aufwand und Kosten ausarbeiten. Das sind in Wirklichkeit „grobe Schätzungen", die auf Annahmen über Produktionsmenge, Auftragsgröße und anderen Dingen beruhen. Diese Annahmen ändern sich immer, bis ein Unternehmen bereit ist, den Auftrag zu erteilen.

Sal: Aber dieser Kunde möchte für jede Option einen Kostenvoranschlag mit genauen Preisberechnungen.

VP: Lass mich raten. Er möchte ein Angebot für alle Bezugsmengen, angefangen vom Prototyp bis hin zur Massenfertigung?

Sal: Woher hast du das gewusst?

VP: Du solltest die Wahrscheinlichkeit bewerten, seinen Auftrag zu erhalten, bevor wir uns an diese aufwendige Arbeit machen.

Sal: Aber wie können wir seinen Auftrag erhalten, wenn wir ihm keinen Kostenvoranschlag erstellen?

VP: Woher weißt du, dass du jemals einen Auftrag erhalten wirst, wenn du nicht seine Verpflichtung hast, mit dir Geschäfte abzuschließen?

Sal: Und wie bringe ich ihn dazu, diese Verpflichtung einzugehen, ohne ihm vorher den Preis zu nennen?

VP: Du kannst ihn nicht zu etwas bringen, wenn er es nicht tun will. Der einzige Weg ist, ihm eine Wahlmöglichkeit anzubieten. Du kannst beispielsweise sagen: „Vorausgesetzt, unser Preis ist für Sie annehmbar, was werden Sie tun?" Es sieht danach aus, als ob du nicht gründlich ermittelt hast, ob er sich verpflichtet, mit uns Geschäfte abzuschließen, falls wir seine Bedingungen der Zufriedenheit erfüllen.

Sal: Er hat mir eigentlich keine Gelegenheit dazu gegeben. Erst habe ich ihm alle Fragen aus „Discovery or Disqualification" gestellt. Dann fordert er mich plötzlich auf, einen Kostenvoranschlag zu erstellen.

VP: Und da hast du begonnen, für ihn zu „tanzen"!

Sal: Was meinst du mit „tanzen"?

VP: Was glaubst du?

Sal: Ich habe alles gemacht, was er von mir wollte. Er hat die Führung übernommen und ich habe sie ihm überlassen.

VP: Wie bist du in diese Situation hineingeraten?

Sal: Ich habe die Kontrolle verloren.

VP: Das denke ich auch.

Sal: Warum ist das passiert?

VP: Du hast aufgehört, deine Fragen zu stellen und stattdessen seine beantwortet.

Sal: Du hast recht. Wie komme ich zurück in den Fragemodus?

VP: Die Frage ist, wie es überhaupt dazu kommen konnte, dass du den Fragemodus verlassen hast. Hast du nach dem „Aufdecken oder Ausschließen" nach einer Verpflichtung gefragt?

Sal: Nein. Diese Phase ist so gut gelaufen, dass ich mir sicher war, dass er mit mir Geschäfte abschließen will. Deshalb bin ich ihm auch gefolgt, anstatt an dieser Stelle nach einer Verpflichtung zu fragen.

VP: Auf welcher Grundlage hast du angenommen, dass er mit dir auch dann Geschäfte abschließen will, wenn er keine Verpflichtung eingeht?

Sal: Ich hatte den Eindruck, dass wir eine gute Beziehung haben. Er hat mir das Gefühl gegeben, mit mir Geschäfte abschließen zu wollen.

VP: Vielleicht hat es so gewirkt. Solange ein Kunde keine eindeutige Verpflichtung eingeht, weißt du nicht, ob er sich verpflichtet oder nicht. Er wird wahrscheinlich auch keine Verpflichtung eingehen, es sei denn, dass er ausdrücklich vor die Wahl gestellt wird.

Sal: Das klingt nach der alten „Frage immer nach dem Auftrag"-Routine.

VP: Häng dich nicht daran auf. Du weißt, dass die Frage nach einer Verpflichtung nicht „die Frage nach dem Auftrag" ist.

Sal: Ich hänge mich nicht daran auf. Es ist einfach nur schwer, die beiden Konzepte auseinanderzuhalten. Der Unterschied ist hauchdünn.

VP: Nein, ist er nicht. Bei High Probability Selling geben wir Kunden die Möglichkeit, zwischen „Ja" und „Nein" zu wählen. Beim traditionellen Verkauf gibst du Kunden nur die Möglichkeit, zwischen „Ja" und „Ja" zu wählen.

Sal: Ist es jetzt zu spät, noch mal nach einer Verpflichtung zu fragen?

VP: Es ist nie zu spät, nach einer Verpflichtung zu fragen. Es ist aber viel schwerer, wenn du einmal die Kontrolle verloren hast. Erstelle einen budgetgerechten Kostenvoranschlag, präsentiere ihn und frage anschließend nach einer Verpflichtung. Falls er eine Verpflichtung eingeht, bist du mit einem blauen Auge davon gekommen. Falls nicht, verbuchst du es als Praxiserfahrung.

Der nächste Tag:

Sal: Ich hatte gestern drei Kundentermine. Den ersten Kunden habe ich bereits nach etwa fünfzehn Minuten disqualifiziert.

VP: Warum?

Sal: Genau genommen hat er sich selbst disqualifiziert. Statt meine Fragen zu beantworten, unterbricht er mich laufend. Sagt, dass er uns nur als Lieferanten in Betracht zieht, wenn wir Muster herstellen.

VP: Was hast du geantwortet?

Sal: Ich sage, dass wir bereit sind, Muster herzustellen, wenn wir verstehen, was er will und braucht und wenn wir eine Verpflichtung von ihm haben. Dann, bevor ich sagen kann, welche Art von Verpflichtung für uns erforderlich ist, sagte er, dass er keine Verpflichtungen eingeht, solange er nicht überzeugt ist, das beste Design, die beste Qualität zum niedrigsten Preis zu bekommen. Darauf sage ich: „Auf diese Weise mache ich keine Geschäfte", und gehe. Ich habe mich wirklich geärgert.

VP: Es ist richtig, den Kundenbesuch an dieser Stelle abzubrechen. Aber auf das Geschehene verärgert zu reagieren, ist nicht richtig.

Sal: Warum?

VP: Warum sich darüber aufregen, dass jemand kein High Probability Prospect ist? Dann kannst du dich genauso gut darüber aufregen, dass jemand klein oder groß ist. Genau so ist es aber. Sieh ein, dass nicht jeder ein High Probability Prospect ist. Erkenne einen, wenn du einen findest. Ansonsten ziehe entspannt weiter.

Sal: Du hast recht. In meinem letzten Job hätte ich mich in dem Versuch verstrickt, alles zu tun, um den Kunden zufriedenzustellen.

Ich begreife gerade, das ich bisher viel zu viel Zeit und Mühe aufgewendet habe, um für Low Probability Prospects zu „tanzen".

VP: Wie sind die beiden anderen Termine gelaufen?

Sal: Im zweiten Termin konnte ich eine gute Beziehung aufbauen. Die Kundin sagte mir während der „Discovery or Disqualification"-Phase, dass sie in den nächsten sechs Monaten eigentlich keine neuen Aufträge für Verpackungen vergeben würde. Das ergab für mich keinen Sinn. Denn als wir den Termin vereinbarten, sagte sie, dass sie sofort neu designte Verpackungen für ihr Unternehmen wollen.

VP: Was hast du getan?

Sal: Ich frage sie nach der Unstimmigkeit. Sie sagt daraufhin, dass ihr Unternehmen damit begonnen habe, Ideen für eine neue Produktlinie zu sammeln, aber die Produktion frühestens in sechs Monaten anläuft. An diesem Punkt frage ich sie, ob sie mit mir Geschäfte abschließen will oder nicht. Sie sagt: „Durchaus, vorausgesetzt, Ihre Verpackungen sind die Richtigen für mein Produkt." Dann fragt sie nach Mustern und Preiskalkulationen.

VP: Wie geht es weiter?

Sal: Nun, ich frage sie, ob wir ihre Bedingungen der Zufriedenheit bestimmen wollen und ob wir darauf aufbauend eine gegenseitige Verpflichtung eingehen wollen. Sie sagt, dass sie keinerlei Verpflichtung eingehen kann, bis ihr Unternehmen bereit sei, eine Entscheidung hinsichtlich der Verpackungen zu treffen. Diese Entscheidung werde frühestens in sechs Monaten getroffen.

VP: Was sagst du daraufhin?

Sal: Ich frage sie, ob ich mich dann wieder mit ihr in Verbindung setzen soll. Sie sagt, dass ich sie in ungefähr fünf Monaten ansprechen soll. Dann soll ich mich mit ihren Marketingplänen vertraut machen und die an dieses Projekt Beteiligten kennenlernen.

VP: Es hört sich an, als ob du das Beste aus diesem Kundenbesuch gemacht hast. Man kann nichts machen, wenn der Zeitpunkt nicht stimmt. Du hast dich am Telefon ein bisschen in die Irre führen lassen. Aber dieser Kundenbesuch wird trotzdem gewinnbringend sein. Markiere den Termin im Kalender und setzte dich wieder mit ihr in Verbindung. Wie sieht es mit dem dritten Kunden aus?

Sal: Das Beste zum Schluss. Nach dem „vertrauensvolle Beziehungen aufbauen" und den Disqualifizierungsfragen frage ich den Leiter der Werbeabteilung: „Falls Ihnen unsere Verpackungen eine attraktive Werbung am Einkaufsort bieten und nicht viel mehr als Ihre derzeitigen Verpackungen kosten, was werden Sie tun?"
Er fragt: „Wie viel mehr würden Ihre Verpackungen kosten?"
Ich sage: „Ungefähr einen Euro pro Einheit."
Er sagt: „Wenn das alles ist, dann werde ich Ihre Verpackungen kaufen. Werden Sie für mich einen Prototypen herstellen?"
Ich antworte: „Ich kann Ihnen Muster ähnlicher Verpackungen zeigen, die wir für andere Kunden hergestellt haben. Wir stellen jedoch ohne eine Verpflichtung seitens des Kunden keine Prototypen her. Wenn Sie mir einen Auftrag für einen Probelauf geben, werde ich die Kosten der Prototypenherstellung Ihrem ersten Produktionsauftrag gutschreiben. Sind Sie damit einverstanden?"
Und er sagt: „Verkauft! Lassen Sie uns den Auftrag aufsetzen, damit Sie sofort anfangen können."

Wir erstellen den Auftrag und gehen in die Einkaufsabteilung, um den Auftrag genehmigen zu lassen. Ich verlasse den Termin mit einem fertigen Auftrag in Händen. Es war toll!

VP: Glückwunsch! Wie gefällt dir jetzt High Probability Selling?

Sal: Es ist großartig.

VP: Ja, aber halte dich an unseren Verkaufsprozess. Auf dem letzten Kundenbesuch hast du nicht die Bedingungen der Zufriedenheit mit dem Kunden bestimmt. Es wird nicht immer so leicht sein.

Sal: Das habe ich gar nicht gemerkt.

VP: Wenn du einmal mit dem Kunden eine vertrauensvolle Beziehung aufgebaut hast, wird er üblicherweise auch Geschäfte mit dir abschließen **wollen**. Bevor dir ein Kunde seinen Auftrag gibt, will er **sicher** sein, dass sein Wollen und Brauchen genau erfüllt wird.

Sal: Er war sich so sicher, dass wir unseren Job richtig machen würden. Er hat mir einfach den Auftrag gegeben.

VP: Nicht unbedingt. Du hast mir erzählt, dass ihr den Kaufauftrag zusammen aufgesetzt habt. Wie hast du das angepackt?

Sal: Während wir den Auftrag aufsetzen, habe ich seine Bedingungen der Zufriedenheit bestimmt. Wir haben alles berücksichtigt, was er will, was wir tun und was wir nicht tun. Dann haben wir diskutiert, was für ihn noch akzeptabel ist. Es verlief einfach reibungslos.

VP: Hattest du das Gefühl, ihn zu manipulieren?

Sal: Zu keiner Zeit. Während des Kundenbesuches hatte ich das Gefühl, einfach nur „Geschäfte zu machen". Als ich anschließend darüber nachdachte, wie einfach alles gelaufen ist, hatte ich schon Bedenken, ihn manipuliert zu haben. Jetzt erkenne ich, dass ich ihn nicht beeinflusst habe. Wir haben die Einzelheiten des Auftrages zusammen ausgearbeitet und aufgesetzt. Tatsächlich hat er sehr sorgfältig und genau darauf hingewiesen, was er will.

VP: Das ist wichtig, was du gerade gesagt hast. Gründlich die Bedingungen der Zufriedenheit mit dem Kunden zu bestimmen. Du bist dafür verantwortlich. Tue es offen und gründlich. Denke immer daran, wenn du das Gefühl hast, den Kunden zu manipulieren, wird der Kunde ebenfalls dieses Gefühl haben.

Sal: Was mache ich, wenn das passiert?

VP: Erkenne es und dann hör auf damit. Frage deinen Kunden, ob das, worüber ihr gerade gesprochen habt, auch das ist, was er will.

Sal: Weißt du, bis vor Kurzem hätte ich das nicht gewagt. Ich hätte viel zu viel Angst gehabt, den Zauber zu zerstören. Wäre viel zu besorgt gewesen, dass er „Nein" sagen könnte.

VP: Konventionelle Verkäufer vergessen, dass ein Kunde immer „Nein" sagen kann. Wenn du einen Kunden zu einem „Ja" überredest, obwohl er „Nein" meint, wird er dir bald absagen.

Sal: Das bekomme ich hin.

VP: Weißt du genug über die Bedingungen der Zufriedenheit, um sie mit deinem nächsten High Probability Prospect zu bestimmen?

Sal: Ich denke schon. Ich fühle mich aber immer noch etwas unwohl.

VP: Du kennst die Bedeutung von Unbehagen?

Sal: Klar. Unbehagen bedeutet Fortschritt und Wachstum.

11. Bedingungen der Zufriedenheit aushandeln

Eine Woche später:

Sal: Guten Morgen.

VP: Wie läuft's?

Sal: Seit letzter Woche versuche ich, ausschließlich mit High Probability Prospects Termine zu vereinbaren. Einige Termine liefen gut. Einem Kunden habe ich sogar etwas verkauft. Aber es fällt mir immer noch schwer, Low Probability Prospects zu disqualifizieren.

VP: Warum?

Sal: Der Aufbau einer vertrauensvollen Beziehung mit meinen Kunden gelingt mir schon viel besser. Kunden wirklich kennenzulernen, ist wirklich von Vorteil. Doch wenn ich einmal eine vertrauensvolle Beziehung zu einem neuen Kunden aufgebaut habe, finde ich es schwierig, den Kundenbesuch abrupt zu beenden, falls sich herausstellt, dass es ein Low Probability Prospect ist.

VP: Du musst den Termin nicht abrupt beenden. Sei einfach höflich. Sage dem Kunden, warum du das Verkaufsgespräch nicht fortsetzt.

Sal: Das ist nicht mein Problem. Mein Problem ist, dass ich viel Zeit und Mühe investiere, um den Kunden kennenzulernen. Deshalb denke ich, ich sollte noch bleiben und versuchen, etwas zu erreichen.

VP: Es hört sich an, **als würdest du immer noch versuchen, jedem Kunden etwas zu verkaufen.**

Sal: Ja, das stimmt. Es fällt mir schwer, das zu ändern. Vor allem, wenn ich den Kunden mag und mit ihm Geschäfte abschließen will.

VP: Warum besuchst du einen Kunden? Um festzustellen, ob eine beidseitig akzeptable Basis für Geschäfte besteht. Deine Zeit ist wertvoll!

Sal: Ich merke jetzt immer schneller, wenn ich Kunden von unseren Produkten überzeugen will.

VP: Woran merkst du, dass du Kunden zu überzeugen versuchst?

Sal: Es passiert mir dann, wenn ich noch mal durch die Bedingungen der Zufriedenheit gehen will. Ich will jeden einzelnen Punkt zum Abschluss bringen. Manchmal versuche ich dem Kunden die Bedingungen auszureden, die wir nicht erfüllen können.

VP: Das High Probability Closing sollte die einfachste Phase im gesamten Verkaufsprozess sein. Gehen wir nochmals durch den ganzen Ablauf. Zuerst baust du eine Beziehung auf. Sobald du die Beziehung erfolgreich aufgebaut hast, weißt du, ob du mit dieser Person Geschäfte abschließen willst. Beende das Verkaufsgespräch, wenn du dir unsicher bist, ob auf beiden Seiten Vertrauen und Respekt bestehen.
Für den Fall, dass du das Verkaufsgespräch fortsetzen willst, stelle die Fragen aus „Aufdecken oder Ausschließen". Jede Frage muss beantwortet werden. Jedes Problem muss zu deiner Zufriedenheit gelöst werden. Alle Entscheidungsträger, einschließlich der Person, die dazu berechtigt ist, „Ja" oder „Nein" zu sagen, müssen in den Verkaufsprozess eingebunden werden.
Danach sagst du dem Kunden, dass du genau seine Bedingungen der Zufriedenheit herausfinden willst. Du ermittelst jedes Kriterium, das erfüllt werden muss, damit er unser Produkt kauft.

Dann fragst du den Kunden: „Wenn ich mit einem Angebot zurückkomme, das Ihre Bedingungen der Zufriedenheit erfüllt, was werden Sie tun?" Wenn er irgendetwas anders als „Ich gebe Ihnen den Auftrag" sagt, dann legst du deine Spielregeln fest. Erkläre dem Kunden, dass es sehr viel Arbeitsaufwand verursacht, zu zeigen, dass unser Angebot seine Bedingungen der Zufriedenheit erfüllt. Erkläre weiter, dass du nur dann zu diesem Aufwand bereit bist, wenn er die Verpflichtung eingeht, dir den Auftrag unter der Voraussetzung zu geben, dass du seine Bedingungen der Zufriedenheit erfüllst. Disqualifiziere ihn, wenn er sich nicht bereit erklärt, eine eindeutige Verpflichtung einzugehen.

Nachdem er eine Verpflichtung eingegangen ist, frage nach jeder einzelnen Bedingung der Zufriedenheit. Schreibe sie in seinen Worten auf. Gehe auf jede Bedingung ein, die der Kunde nicht erwähnt hat, die aber angesprochen werden muss. Verhandle mit dem Kunden über jede Bedingung, die du nicht erfüllen kannst. Disqualifiziere ihn, falls es Bedingungen gibt, die du nicht zu seiner Zufriedenheit erfüllen oder über die du nicht verhandeln kannst. Du hast den Abschluss erreicht, wenn du alle Bedingungen der Zufriedenheit des Kunden erfüllen kannst. Präsentiere beim nächsten Kundenbesuch ein Angebot, mit dem du nachweist, dass du seine Bedingungen der Zufriedenheit erfüllen kannst. Dann schließe den Auftrag formal ab.

Sal: Wie gehe ich mit Bedingung der Zufriedenheit um, die wir nicht erfüllen können?

VP: Gib mir ein Beispiel.

Sal: Ein Kunde sagt beispielsweise, dass er unsere Verpackungen kaufen will. Aber der Preis darf höchstens zehn Prozent über den derzeitigen Verpackungskosten liegen. Ich sage ihm, dass wir das nicht machen können. Damit ist das Geschäft gestorben.

VP: Warum ist das ein Problem für dich?

Sal: Ich konnte ihm nicht den Werbewert unserer Displays verdeutlichen.

VP: Vielleicht hat dieser Kunde triftige Gründe dafür, dass ihm unsere Verpackungen maximal zehn Prozent mehr Geld Wert sind. Hast du ihn nach den Gründen gefragt?

Sal: Nein. Ich habe angenommen, dass er ein schwieriger Kunde ist und ihn deshalb disqualifiziert.

VP: Das kann sein, muss es aber nicht. Schwer zu sagen, ohne dabeigewesen zu sein. Ich hätte ihn wahrscheinlich gefragt: „Warum?" Es ist immer besser, nach dem „Warum" zu fragen, als die Gedanken seines Kunden erraten zu wollen. Auf jeden Fall ist es eine gute Strategie, jeden Kunden zu disqualifizieren, bei dem du Zweifel hast. **Außerdem wird ein High Probability Prospect nur in den seltensten Fällen zulassen, disqualifiziert zu werden.**

Sal: Vielleicht hätte ich ihn ein bisschen verführen sollen, zum Beispiel: „Möchten Sie wie 60 Prozent unserer Kunden Ihre Umsätze um 30 Prozent steigern?"

VP: Lass das! Diese Art von rhetorischen Fragen sind manipulativ und beleidigen den Kunden. Wann immer du das Gefühl hast, den Kunden überreden, überzeugen oder manipulieren zu müssen, dann hältst du dich nicht an unsere Spielregeln. Dann überlege, an welcher Stelle du von unserem Verkaufsprozess abgewichen bist.

Sal: Ich will aber erreichen, dass unsere Kunden verstehen, um wie viel Prozent unsere Verpackungen ihre Umsätze verbessern werden. Wenn das in unserem Zielmarkt jeder wüsste, dann würden sie sich alle von WPC beliefern lassen.

VP: Du machst Witze?

Sal: Aber 60 Prozent unserer Kunden berichten doch, dass sie ihre Umsätze mit unseren Displays um mindestens 30 Prozent steigern.

VP: Das stimmt. Die Kunden, die unsere Display-Verpackungen einsetzen, erzielen gute Resultate. Aber nur, weil sie sorgfältig analysieren, ob unsere Verpackungen wirklich einen Nutzen liefern. Nicht jeder Kunde würde mit unseren Verpackungen die gleichen Ergebnisse erzielen oder die erhöhten Kosten rechtfertigen können.

Sal: Das hatte ich nicht bedacht. Wenn sie zum Beispiel nicht über den richtigen Standort im Einzelhandel verfügen, sind wir eventuell gar nicht kostengünstig.

VP: Richtig.

Sal: Wenn unser Produkt jedoch eindeutige Vorteile bietet, wie hebst du diese hervor?

VP: Das ist nicht nötig. Die Kunden wissen in der Regel, welche eindeutigen Vorteile unsere Verpackungen bieten. Wenn sie das nicht wüssten, würdest du nicht mit ihnen darüber sprechen. Sie wissen vermutlich nicht viel über unsere Preisgestaltung, Druckqualität und Designkreationen und andere Feinheiten unserer Displays. Unsere Kunden wissen aber in der Regel, mit welchen Display-Verpackungen sie ihre Umsätze steigern können. Wenn ein Kunde das nicht weiß, handelt es sich meist um Low Probability Prospects.

Sal: Warum erstellst du zusammen mit dem Kunden eine schriftliche Liste seiner Bedingungen der Zufriedenheit?

VP: Wenn du die Bedingungen der Zufriedenheit schriftlich auflistest, bist du bereits dabei, Vereinbarungen für einen Vertrag aufzusetzen. Wenn du liefern kannst, was sie wollen, wann sie wollen, zum vereinbarten Preis, bekommst du eine Verpflichtung. **Du willst alle Zweideutigkeiten eliminieren. Dann gibt es für den Kunden später keinen Grund, seine Verpflichtung nicht einzuhalten.**

Sal: Aber wenn wir dem Käufer absolute Zufriedenheit garantieren, dann hat er doch nichts zu verlieren.

VP: Das machen wir nie. Es wird immer Menschen geben, die wir nicht zufriedenstellen können. Deshalb garantiere nie bedingungslose Zufriedenheit. Wir grenzen die Anforderungen des Kunden ein, indem wir seine Bedingungen der Zufriedenheit auflisten.

Sal: Mit welchen Bedingungen beginne ich am besten?

VP: Es gibt keinen optimalen Ausgangspunkt. Du musst die wichtigsten Bereiche behandeln: Preis, Service und Qualität. Beginne mit einem dieser drei Bereiche. Traditionelle Verkäufer ziehen es vor, sich den Preis bis zum Schluss aufzuheben. So handeln wir nicht. Du hast den Kunden während der „Aufdecken oder Ausschließen"-Phase hinsichtlich des Preises bereits qualifiziert. Deshalb kannst du gut mit dem Preis beginnen.

Der Service ist der nächste Bereich, den du klar und eindeutig bestimmen musst. Kläre, was du hinsichtlich der Abwicklung tun wirst und was du nicht tun wirst. Dazu gehören: Kundendienst, Extras, für die der Kunde mehr bezahlen muss, was passiert, wenn mit dem Produkt ein Problem besteht, und alles andere, was für die Abwicklung deines Angebotes relevant ist.

Der Bereich Qualität beinhaltet die Eigenschaften deines Produktes. In unserem Fall sind das: die Qualität des Drucks, die Größe, Material und Festigkeit der Kartonage, die Zeitspanne und Einfachheit des Aufbaus, der Befüllung und des Transportes der Verpackungen; und alle anderen technischen Kriterien und Eigenschaften unserer Verpackungen.

Lege dem Kunden seine Bedingungen der Zufriedenheit in allen Einzelheiten dar, damit du später deine Leistung messen kannst.

Sal: Wenn du dann dem Kunden dein Produkt vorführst, kannst du dir Punkt für Punkt bestätigen lassen, dass es das ist, was er sich bereits zu kaufen verpflichtet hat.

VP: Genau.

Sal: Okay. Angenommen, ich verkaufe statt Verpackungen beispielsweise Versicherungen. Dann muss ich, wenn ich mit dem Kunden dessen Bedingungen der Zufriedenheit bestimme, seine finanziellen Bedürfnisse herausfinden. Anschließend ordne ich eine entsprechende Versicherung seinen Bedingungen zu.

VP: Richtig.

Sal: Ist das nicht die von Finanzdienstleistern häufig benutzte Methode des „Need Selling" beziehungsweise des „Bedürfnisse verkaufen"?

VP: Nein, überhaupt nicht. Versicherungsmakler versuchen in der Regel an finanzielle Informationen zu kommen, bevor sie dem Kunden erzählen, was sie konkret verkaufen. Sie versuchen, den Kunden davon zu überzeugen, dass er Bedürfnisse hat, von denen er bisher gar nichts wusste. Dann versucht der Versicherungsmakler zu demonstrieren, dass sein Produkt diese Bedürfnisse befriedigen wird. Diese Methode ist die reinste Schinderei für den Verkäufer und hat nur eine sehr niedrige Wahrscheinlichkeit auf Erfolg.

Wir verkehren nur mit Kunden, die wissen, dass sie die Art des von uns angebotenen Produktes brauchen und dass sie ihr Bedürfnis nach diesem Produkt jetzt befriedigen wollen. Während wir die Bedingungen der Zufriedenheit des Kunden aufstellen, können wir das Produkt sehr genau bestimmen, bei dem der Kunde in einen Kauf einwilligt. Die meisten Verkäufer wissen gar nicht, wie man solche Kunden findet. Und wenn sie es doch einmal schaffen, fällt es ihnen schwer, erfolgreich Geschäfte abzuschließen.

Sal: Ich habe ein Problem mit Joseph Raffia vom Nahrungsmittelhersteller GHI. Nachdem ich seine Bedingungen der Zufriedenheit ausgehandelt habe, fahre ich zurück ins Büro und bitte die Kalkulationsabteilung, einen Kostenvoranschlag auszuarbeiten. Dann stelle ich ein paar Verpackungsmuster aus anderen Aufträgen zusammen. Deren Bauart und Gestaltung ähneln stark den Anforderungen von Joseph Raffia. Tags darauf treffe ich ihn wieder, um mit ihm mein Angebot durchzugehen und die Verpackungsmuster vorzuführen. Mein Angebot stimmt mit seinem Budgetanforderungen überein. Er sagt, dass er mit der Qualität des Drucks und der Gestaltung zufrieden ist. Ich frage, ob ich ihn unterstützen soll, den Auftrag für seine Einkaufsabteilung aufzusetzen. Er erwidert, dass es dafür noch zu früh sei. Sein Marketingleiter müsse der Verpackungsgestaltung noch zustimmen. Dies wird frühestens in ein paar Monaten der Fall sein. Zu diesem Zeitpunkt starten sie ihre neue Werbekampagne.

VP: Wie lautet die Stellenbezeichnung von Joseph?

Sal: Er ist Produktlinienmanager für die Non-Diary-Deserts. Das sind Nachspeisen, die frei von Milchprodukten sind.

VP: Hast du mit dem Marketingleiter und dem Vertriebsleiter gesprochen?

Sal: Nein. Auf meine Frage, ob er der Entscheidungsträger sei, hat Joe geantwortet, dass er die Gesamtverantwortung bezüglich aller Angelegenheiten seiner Produktlinie trage. Aber das stimmt nicht.

VP: Gib nie dem Kunden die Schuld, wenn im Verkauf etwas schief geht.

Sal: Heißt das, ich habe etwas falsch gemacht?

VP: **Wenn du keine Verantwortung für deine Ergebnisse übernimmst, wirst du deine Fehler nie entdecken und sie deshalb immer wiederholen.** Damit will ich nicht sagen, dass du immer einen Abschluss erzielst, wenn du alles richtig machst. Verkaufen ist eine Frage der Wahrscheinlichkeit. High Probability Selling erhöht diese nachhaltig. Deine Abschlusswahrscheinlichkeit liegt jedoch nie bei 100 Prozent. Um deine Fragen zu beantworten: Ja, du hast in diesem Fall Dinge getan, die nicht richtig funktionieren.

Sal: Was konkret?

VP: Du hast zwei Disqualifizierungsfragen durch eine Eigenkreation ersetzt. So hast du Joseph gefragt, ob er der Entscheidungsträger sei. Da hat er einen Schritt zur Seite gemacht und dir eine ausweichende Antwort gegeben. Einen sogenannten Non-Sequitur. Den hast du als Antwort akzeptiert.

Sal: Ich wollte herausfinden, ob ich es mit dem Entscheidungsträger zu tun habe. Deshalb habe ich ihm einfach diese Frage gestellt.

VP: Hier gibt es etwas Wichtiges zu lernen: Wann immer dir in Zukunft etwas hinsichtlich unseres Verkaufsprozesses unklar ist, frage nach! Wir sind sehr gewissenhaft, was genau wir einen Kunden fragen. Jede Frage verfolgt einen bestimmten Zweck. Wir haben diesen Fragenkatalog in über 40 Jahren entwickelt. Er wird immer wieder auf seine Wirksamkeit getestet. Wenn sich deine Frage auszahlen würde, hätten wir sie bei High Probability Selling bereits im Einsatz.

Sal: Warum ist es nicht erfolgreich, jemanden zu fragen, ob er der Entscheidungsträger ist? Was, wenn ich jemandem diese Frage stelle und ich ihn nicht mit einer ausweichenden Antwort davon kommen lasse? Und was, wenn er einfach mit „Ja" antwortet?

VP: Deine Frage lädt zu einer irreführenden Antwort ein. Sie ist ungenau und anfällig für Fehlinterpretationen. Die Fragen, die wir dazu während des „Discovery or Disqualification" stellen, lauten:

Wenn Sie die Entscheidung treffen, bei Ihren Verpackungen eine Änderung vorzunehmen, mit wem halten Sie Rücksprache?

Falls Sie sich für eine Änderung Ihrer Verpackungen entscheiden, wer muss dem noch zustimmen?

Sal: Diese Fragen geben wenig Raum für Fehlinterpretationen.

VP: Anordnung und Wahl der Worte sind entscheidend. Die Wortwahl ist auf eine Art und Weise konzipiert, dass sie dem Kunden genau die benötigten Informationen entlockt. Dein Problem mit Joe hat nichts mit den Bedingungen der Zufriedenheit zu tun. Es hat etwas mit den Fragen zu tun, die du während der Dis-Qualifizierungs-Phase stellst.

Sal: Ich erzähle wirklich nicht gern von meinen Misserfolgen, aber wie soll ich sonst etwas dazu lernen? Ich habe ein Problem mit Michael Benson vom Tapetenhersteller Benson. Er ist der Enkel des Firmengründers. Als Leiter der Abteilung für Verkaufsförderung ist er auch für die Werbung am Einkaufsort verantwortlich. Beim zweiten Termin präsentiere ich einen Kostenvoranschlag und zeige ihm Muster von Displayverpackungen für seine Tapetenrollen. Ich fertige einen Prototyp an, indem ich etwas von seiner Tapete und eine Kopie seiner Zeitschriftenanzeige auf das Werbedisplay klebe.

VP: Das klingt einfallsreich.

Sal: Als ich ihm diese Art von Prototyp zeige, sagt er, dass ihm die Zeitschriftenanzeige nicht gefällt. Er hat mir aber diese Anzeige gegeben. Ich frage, warum sie ihm nicht gefällt. Er sagt, dass die Werbeagentur die Farben der Tapete in der Anzeige nicht an die tatsächliche Farbe auf den Rollen angepasst hat. Er betont, dass die Farben präzise aufeinander abgestimmt sein müssen, wenn die Rollen in der Verpackung liegen und gleichzeitig auf dem Display präsentiert werden.
Ich mache daraufhin einen Einwand! Ich frage, was er mit „präzise" meint. Er sagt, dass die Farbabstimmung seiner persönlichen Kontrolle unterliegt. Ich sage, dass ich ihm eine Garantie dafür geben kann, dass unsere Farbabstimmung die üblichen Industriestandards erfül-

len. Für jede kritische Farbe würden wir zwei Druckmuster erstellen, um die Bandbreite der Farben einzugrenzen.

Dann sagt er noch, dass er jede Warenlieferung persönlich prüft und dann erst abnimmt. Ich erwidere, dass wir auf dieser Basis keine Aufträge akzeptieren können. Ich erkläre ihm, dass wir einen beidseitig akzeptablen und **objektiven** Standard benötigten, den eine angemessene dritte Partei messen kann. Er besteht aber auf seiner subjektiven Prüfung.

VP: Wie hättest du dieses Problem aufdecken können, ohne dir vorher all die Mühe mit dem Prototyp zu machen?

Sal: Ich weiß es nicht.

VP: Okay. Warum hast du angenommen, dass du seinen Auftrag erhältst, falls du seine Bedingungen der Zufriedenheit erfüllst?

Sal: Aufgrund seiner Antwort auf die Frage: „Wenn ich Ihnen eine Verpackung zeige, mit der Sie Ihr Produkt sowohl transportieren als auch am Einkaufsort präsentieren und bewerben können, was wollen Sie tun?" Er sagte, dass er mir einen Auftrag geben würde, falls unser Preis bei 6 beziehungsweise 7 Euro pro Einheit liegen würde. Unser Preis liegt bei 5,85 Euro. Aber dann kommt er plötzlich mit dieser Farbabstimmung.

VP: Wie hättest du diesen Sachverhalt aufdecken können, während du die Bedingungen der Zufriedenheit verhandelst?

Sal: Mir fällt immer noch nichts ein.

VP: O.K., als er dir die Tapeten- und Anzeigen-Muster gegeben hat, hast du ihn da gefragt, ob die Farben genau das sind, was er will?

Sal: Nein. Ich habe angenommen, dass dies genau die Farben sind, die er will.

VP: Auf „Ich habe angenommen, dass ..." kannst du dich im Verkauf nicht verlassen! Verlasse dich nur auf Verpflichtungen, auf die man sich ausdrücklich und eindeutig geeinigt hat. Deshalb sind wir so gründlich, wenn wir die Bedingungen der Zufriedenheit aushandeln.

Sal: Ich weiß. Doch manchmal habe ich Angst, dass der Kunde eine Bedingung zur Sprache bringt, die wir nicht erfüllen können. Im traditionellen Verkauf würde man von einem „Einwand" sprechen. Mir wurde beigebracht, Einwände zu vermeiden und diese nur dann zu „behandeln", wenn der Kunde an seiner Meinung festhält. Du willst also, dass wir aktiv Einwände erheben, selbst wenn der Kunde sie nicht sieht oder ausspricht?

VP: Durchaus. Du hast viel Zeit verloren, weil du „den Einwand" nicht bereits im Voraus „behandelt" hast. Was wäre passiert, wenn du das Problem bezüglich der Farben aufgedeckt hättest, bevor du dir die ganze Arbeit mit Kostenvoranschlag und Prototyp gemacht hast?

Sal: Da hätte ich mir eine Menge Zeit gespart.

VP: Zeit ist dein kostbarstes Gut als Verkäufer. Verschwende sie nicht. **Sei gründlich und präzise, wenn du mit dem Kunden die Bedingungen der Zufriedenheit aushandelst.** Wie hast du die Bedingungen der Zufriedenheit mit Richard von Target Brands Inc. ausgehandelt?

Sal: Als ich Richard nach seinen Bedingungen der Zufriedenheit frage, sieht er mich an, als ob ich Latein sprechen würde. Also erkläre ich, dass ich ihm einige Fragen stelle, um genau zu bestimmen, was er will. Anschließend könne er mir seine Fragen stellen.

Als Erstes frage ich, was er durch den Einsatz einer selbsttragenden Displayverpackung erreichen will, die doppelt so groß ist wie die bisher verwendeten. Er sagt, sein Unternehmen wolle Einzelhändlern einen zeitlich begrenzten Rabatt in Höhe von 20 Prozent anbieten. Im Gegenzug verlange er von seinen Einzelhändler, dass sie seine Displayverpackungen aufstellen, die diese Rabattaktion dem Verbraucher deutlich auf dem Werbedisplay mitteilt. Er erhofft sich, durch diese Aktion seinen Marktanteil bei den Einzelhändlern zu erhöhen. Und er spekuliert auf Neuaufträge von Einzelhändlern, die seine Produktlinie bisher nicht im Sortiment führen.

Deshalb frage ich ihn, wie viel mehr diese neuen Verpackungen kosten dürfen. Er sagt, dass er sich weitere 2,50 Euro pro Einheit leisten könne. Damit war der Preis festgelegt.

Als Nächstes frage ich, welche Grafikqualität er für diesen Preis erwarte. Er sagte, dass er ein vierfarbiges Werbedisplay und eine zweifarbige Beschriftung an den Seiten der Verpackung will. Ich frage: „Was passiert, wenn Sie für diesen Preis nur eine einfarbige Beschriftung an den Seiten bekommen?" Er antwortet: „Damit kann ich leben." Ich frage: „Sind Sie sicher?" und er erwidert: „Ja. Das Display ist mir wichtiger. Das muss vierfarbig ausgeführt werden." Damit war die Grafikqualität abgehandelt.

Ich frage, ob Sie das Design für Aufbau und Aussehen der Verpackung vorbereitet hätten. Er sagt, das Design sei genehmigt. Die Werbeagentur würde die Vorlagen bis Ende nächster Woche abgeben. Ich befinde mich auf einem Höhenflug!

Dann frage ich, welche Menge er bestellen will. Er sagt, dass er 2000 Stück braucht. Ich frage, bis wann er die 2000 Stück geliefert bekommen will. Er sagt, dass er sie in ungefähr zehn Wochen braucht. Damit war dieser Aspekt des Auftrags auch erledigt.

Ich gehe einen Schritt weiter, frage, welche Grundfarbe das Verpackungsmaterial haben solle. Er antwortet: „Weiß."

Dann frage ich: „Gibt es noch irgendetwas anderes, das für Sie von Bedeutung ist?" Er sagt, die neuen Verpackungen müsten ebenso wie die bisherigen die Ware schützen und leicht aufstellbar sein. Ich frage, ob ich die derzeit verwendeten Verpackungen sehen könne. Er zeigt mir ein Beispiel. Als ich es sehe, weiß ich, dass unsere Verpackung diese Bedingung erfüllen wird.

Ich frage ihn: „Was noch?" Er sagt, die Farben müssten den üblichen Industrienormen entsprechen.

Ich frage: „Was noch?" Er sagt, die Verpackungen müssten für seine Mitarbeiter in der Produktion leicht aufzubauen, zu befüllen und zu versiegeln sein.

Ich frage: „Was noch?", und er antwortet: „Nichts. Das ist alles."

Ich habe jedes Wort notiert. Ich lese ihm seine Bedingungen der Zufriedenheit noch einmal vor. Frage, ob alles richtig ist. „Ja!", sagt er. „Sind Sie sicher, dass das alles ist?", frage ich und er sagt: „Das ist alles, was ich brauche."

Also frage ich: „Was werden Sie tun, wenn ich in zwei Wochen zurückkomme und Ihnen demonstriere, dass wir Ihre Bedingungen der Zufriedenheit erfüllen können?" Er sagt: „Ich werde dafür sorgen, dass Sie unseren Termin mit einem Auftrag in Händen verlassen."

Gestern präsentiere ich diesem Kunden unser Angebot. Ich bringe auch ein Muster unserer Displayverpackungen mit, die in die Standardregale des Einzelhandels passen. Als Erstes lese ich ihm seine Bedingungen der Zufriedenheit vor. Ich frage, ob sich seit dem Erstellen dieser Liste etwas geändert hat. „Es hat sich nichts geändert", sagt er.

Also sage ich: „Als wir uns vor zwei Wochen getroffen haben, sagten Sie, falls wir Ihre Bedingungen der Zufriedenheit erfüllen können, geben Sie mir heute einen Auftrag. Hat sich daran etwas geändert?" Er sagt, dass er sein Versprechen halten wird. Dann sage ich ihm, dass es eine Bedingung gibt, die ich nicht genau erfüllen kann. Ich frage, ob er bereit ist, darüber zu sprechen. „Selbstverständlich", sagt er. Ich erkläre ihm, dass das Werbedisplay etwas kleiner sein muss, als im Design der Werbeagentur angegeben, um seine Ware wirkungsvoll schützen zu können.

„Warum?", fragt er. Ich zeige ihm anhand des mitgebrachten Musters, dass seine Werbung nicht auf das kleinere Display passen würde, falls es so breit wie die äußeren Ausmaße der Verpackung wäre. Deshalb müsse man die Werbung etwas kleiner machen. Er sei enttäuscht, meinte aber, dass er dies voraussichtlich akzeptieren würde, wenn alles andere wie vereinbart sei. Ich frage: „Was meinen Sie mit voraussichtlich?"

Er will zuerst das Angebot in allen Einzelheiten sehen. Ich erwidere: „Solange dieses Problem nicht gelöst ist, werde ich nicht weitermachen. Was wollen Sie tun?" Schließlich sagt er: „Ich werde die kleinere Größe für die Werbung akzeptieren, wenn alles andere zu meiner Zufriedenheit ausfällt." Ich frage: „Sind Sie sicher?", und er antwortet: „Ja."

Dann haben wir zusammen jeden Punkt überprüft. Einen nach dem anderen. Schließlich sind wir fertig. Ich gehe nach diesem Meeting mit dem unterschriebenen Auftrag nach Hause.

VP: Nicht schlecht!

Sal: Er hat sich sogar bei mir bedankt.

VP: Das erleben High Probability Verkäufer oft. Was hast du geantwortet, als er sich bedankt hat?

Sal: „Vielen Dank für Ihren Auftrag."

VP: Mach das nicht! Sag lieber: „Gern geschehen!"

Sal: Warum?

VP: Überleg mal.

12. Sal Esman hat den Bogen raus!

Sal sitzt am Schreibtisch und sucht am Telefon nach Kunden.

Sal: Hallo, spreche ich mit den Eco Garden Products (EGP)? (Pause) Ich will mit der Person sprechen, die für die Verpackungen Ihrer Produkte zuständig ist. (Pause) Könnten Sie mich bitte verbinden? (Pause) Danke.

Tom: Hallo. Hier spricht Tom Merchant.

Sal: Hallo. Hier spricht Sal Esman von WPC Verpackungen. Wir fertigen selbsttragende Verpackungen mit hochwertigen Displays an, die flach gepackt werden und im Handumdrehen aufgebaut sind. Wollen Sie so etwas für Ihre Produktlinie?

Tom: Meinen Sie die Art von Verpackungskartons, die auch als Point-of-Purchase Werbung dienen?

Sal: Genau. Wollen Sie so etwas?

Tom: Das hört sich wie etwas an, das wir brauchen könnten. Ich würde gerne mehr darüber hören. Wir haben gerade ein neues Produkt so weit entwickelt, dass wir die Verpackungen gestalten wollen. Ich würde gerne Verpackungen mit Werbedisplay einsetzen. Vorausgesetzt, sie rechtfertigen höhere Kosten und erfüllen unsere restlichen Anforderungen. Können Sie nächste Woche Montag vorbeikommen und mir vorführen, was Sie anzubieten haben?

Sal: Nächste Woche Montag und Dienstag bin ich unterwegs. Wie wäre es mit Mittwoch?

Tom: Mittwoch ist für mich in Ordnung. Um wie viel Uhr?

Sal: Ist neun Uhr morgens für Sie in Ordnung?

Tom: Dann sehen wir uns am Mittwoch um neun Uhr.

Sal: Tom, falls unsere Verpackungen Ihre Kriterien erfüllen, was werden Sie tun?

Tom: Dann bekommen Sie einen Auftrag.

Sal: Bitte notieren Sie meine Telefonnummer für den Fall, dass irgendetwas dazwischen kommt.

Tom: Okay. Geben Sie mir Ihre Nummer.

Am nächsten Mittwoch wartet Sal in der Empfangshalle von EGP.
Tom Merchant holt ihn ab und begrüßt ihn.

Tom: Hallo. Sie müssen Sal Esman sein. Ich bin Tom Merchant. Gehen wir in unseren Konferenzraum. Dort können Sie mir zeigen, was Sie anzubieten haben.

Sal: Okay. (Folgt Tom in den Konferenzraum.) Sie müssen sehr viel zu tun haben. Ich hatte Schwierigkeiten, einen Parkplatz zu finden.

Tom: Wir haben in der Tat sehr viel zu tun. Seit ich hier arbeite, hat sich das Unternehmen fast verdreifacht.

Sal: Wann haben Sie angefangen?

Tom: Vor ungefähr neun Jahren.

Sal: Wie lange sind Sie schon Verkaufsleiter?

Tom: Fast vier Jahre.

Sal: Was haben Sie davor gemacht?

Tom: Ich war Produktleiter für Schädlingsbekämpfungsmittel.

Sal: Haben Sie als Produktleiter bei EGP angefangen?

Tom: Ich habe hier als Verkäufer angefangen.

Sal: Was haben Sie gemacht, bevor Sie zu EPG gekommen sind?

Tom: Ich habe drei Jahre lang Großhandelswaren verkauft.

Sal: War das Ihr erster Job?

Tom: Nein. Davor hatte ich eine Stelle in einer Werbeagentur. Ich habe dort Layouts gestaltet.

Sal: Das erfordert eine spezielle Ausbildung, oder?

Tom: Ja. Ich habe Kunst und Design an der Universität studiert.

Sal: Haben Sie sich im Studium mehr auf bildende Künste spezialisiert oder lag Ihr Schwerpunkt mehr im kommerziellen Design?

Tom: Mein Schwerpunkt waren die bildenden Künste. Ich habe aber auch viele Kurse zu kommerziellem Design besucht.

Sal: Warum?

Tom: Meine Eltern haben immer gesagt, es sei sehr schwer, seinen Lebensunterhalt mit dem Verkauf von Kunst zu bestreiten. Es hat sich her-
ausgestellt, dass sie damit recht hatten.

Sal: Wie meinen Sie das?

Tom: Ich habe eine Zeit lang versucht, meinen Lebensunterhalt als Künstler zu bestreiten. Es war zu schwierig. Ich male immer noch in meiner
Freizeit. Mehr aus Liebe zur Kunst, als um Geld zu verdienen.

Sal: Was war als Künstler schwierig?

Tom: Ich habe vier Jahre lang gemalt. Ich war Single und habe fast nichts
verdient. Dann habe ich geheiratet. Nach einem Jahr kam unsere
Tochter zur Welt. Ich musste eine Familie ernähren. Deshalb begann
ich, als freiberuflicher Werbegrafiker zu arbeiten. Dann bot mir die
Werbeagentur eine Vollzeitbeschäftigung an. Ich nahm das Angebot
an.

Sal: Wem ist Ihr künstlerisches Talent zuerst aufgefallen?

Tom: Meiner Mutter. Sie ist Werbegrafikerin. Genau genommen arbeitet sie
immer noch zehn Stunden die Woche für einen langjährigen Auftrag-
geber.

Sal: Wann hat sie zum ersten Mal bemerkt, dass Sie talentiert sind?

Tom: Ich war vier Jahre alt. Wir waren an Weihnachten bei meiner Tante zu Besuch. Ich habe einige gleichaltrige Cousinen und Cousins. Meine Tante wollte uns nicht ständig zwischen den Füßen haben. Sie schickte uns mit Buntstiften und Papier ins Kinderzimmer. Ich entschied mich, meine Cousinen und Cousins zu malen. Meine Cousine Susanne brachte ihr Portrait nach oben und zeigte es stolz ihren Eltern. Daraufhin kamen die Erwachsenen nach unten und sahen mir dabei zu, wie ich malte. Das war das erste Mal, dass ich das Gefühl hatte, malen zu können.

Sal: Wie hat Ihr Vater darauf reagiert?

Tom: Mein Vater hat Kunst noch nie gewürdigt. Für ihn sind Talente nur dann von Bedeutung, wenn man mit ihnen Geld verdienen kann. Er misst dein Talent daran, wie viel du damit verdienst.

Sal: Es hört sich an, als ob das Verhältnis zu Ihrem Vater ein bisschen gespannt war.

Tom: Das Verhältnis ist immer noch gespannt. Er möchte immer nur wissen, wie viel Geld ich verdiene.

Sal: War er erfolgreich?

Tom: Er war zumindest finanziell erfolgreich.

Sal: Was meinen Sie damit?

Tom: Nun ja, er ist kein sehr glücklicher Mensch. Es ist wirklich schwer, mit ihm gut auszukommen.

Sal: Inwiefern?

Tom: Er ist sehr fordernd und kann nur sehr schwer Zuneigung zeigen.

Sal: War er damals auch dabei, als Sie die Bilder Ihrer Cousinen und Cousins gemalt haben?

Tom: Ja. Er machte dazu eine abfällige Bemerkung und sagte, wie schwer es doch sei, als Künstler ein Vermögen zu machen.

Sal: Wie hat Sie das beeinflusst?

Tom: Ich hatte immer das Gefühl, dass mein Vater mich nicht als die Person akzeptiert, die ich bin. Er war mit dem, was ich erreicht habe, noch nie zufrieden.

Sal: Wie sind Sie damit umgegangen?

Tom: Lange Zeit habe ich versucht, ihn zu beeindrucken. Mich bei allen Dingen zu übertreffen. Irgendwann habe ich das aufgegeben.

Sal: Warum?

Tom: Das ist eine gute Frage. (Denkt für einen Moment nach.) Ich habe begriffen, dass es nie gut genug sein würde. Ganz egal, was ich auch tue. Als ich dann älter wurde, verstand ich, dass er mich liebte. Dass es für ihn schwer war, es zu zeigen.

Sal: Was ist passiert?

Tom: Wollen Sie das wirklich hören?

Sal: Ja.

Tom: An dem Tag, als ich von meinen Eltern auszog, wartete ich vor unserem Haus auf meine Mitfahrgelegenheit zur Universität. Mein Vater kam aus dem Haus, um mir Glück zu wünschen. Er konnte vor Rührung kaum seinen Satz beenden. Er hatte Tränen in den Augen. Dann umarmte er mich und ging, ohne etwas zu sagen, ins Haus.

Sal: Was war das für eine Erfahrung?

Tom: Es hat mir sehr viel bedeutet. Ich habe zum ersten Mal verstanden, wer mein Vater wirklich war. Ich war wirklich gerührt.

Sal: Wie kommt er mit Ihren Kindern aus?

Tom: Unglaublich gut. Er liebt es, mit ihnen zusammen zu sein. Sie sind ganz verrückt nach ihm.

Sal: Welches Verhältnis haben Sie zu Ihren Kindern?

Tom: Ich denke immer daran, was mir widerfahren ist. Deshalb versuche ich, ihnen immer zu zeigen, dass ich schätze, was immer sie tun. Meine Frau und ich haben es uns auch zur Aufgabe gemacht, für die künstlerischen Talente meiner jüngeren Tochter nicht mehr Begeisterung zu zeigen als für die Talente der anderen Kinder. Da mein Verhältnis zu dieser Tochter am besten ist, fällt mir das nicht leicht.

Sal: Wie viele Kinder haben Sie?

Tom: Ich habe drei Kinder, zwei Töchter und einen Sohn. Unsere jüngste Tochter Janine ist jetzt 18 Jahre alt. Sie ist die Künstlerin in der Familie. Sie malte schon, bevor sie ein Wort schreiben konnte. Jetzt werden ihre Bilder ausgestellt und sie gewinnt Preise dafür.

Sal: Welche Talente haben Ihre anderen Kinder?

Tom: Meine ältere Tochter Nadine war schon immer gut in Mathematik. Sie arbeitet als Systemanalytikerin bei General Electric. Mein Sohn Markus ist Schreiner geworden.

Sal: Was macht Ihre Frau?

Tom: Sie arbeitet seit Jahren als Rechtsanwaltsgehilfin.

Sal: Wie denkt sie über Ihre Bilder?

Tom: Sie ist mein größter Fan. Sie veröffentlicht über meine Arbeit Zeitungsartikel bei einer regionalen Zeitung. Die meisten Bilder verkaufe ich wegen ihrer „PR".

Sal: Es hört sich an, als ob Sie ihre Unterstützung wirklich schätzen.

Tom: Ja, ich schätze es wirklich. Sie ist ein ganz besonderer Mensch.

Sal: Wie meinen Sie das?

Tom: Sie ist eine fantastische Ehefrau, eine gute Hausfrau und eine großartige Mutter. Fast jeder fühlt sich in ihrer Gegenwart wohl. Darüber hinaus findet sie trotz ihrer beruflichen Tätigkeit die Zeit, mich bei dem Verkauf meiner Bildern zu unterstützen.

Sal: Was würden Sie tun, wenn Sie Ihren Lebensunterhalt mit dem Malen von Bildern bestreiten könnten?

Tom: Ich würde wahrscheinlich kündigen und als hauptberuflicher Künstler arbeiten.

Sal: Als ich Sie letzte Woche anrief, sagten Sie, dass Sie Ihr neues Produkt so weit entwickelt haben, dass Sie mit dem Design der Verpackung beginnen wollen. Sie sagten auch, dass Sie die Verpackungen mit Werbung am Point-of-Purchase nutzen wollen. Wollen Sie das immer noch?

Tom: Was Sie am Telefon beschrieben haben, scheint das Richtige für meine neuen Produktlinien zu sein. Ich habe diese Art von Displayverpackungen bereits bei Einzelhändlern gesehen. Diese Art der Verpackung ist offensichtlich teurer als die Verpackungen, die wir derzeit einsetzen. Zurzeit benutzen wir sehr einfache Verpackungen mit simplen Beschriftungen an den Seiten.

Sal: Sie haben recht. Die Verpackungen von WPC sind teurer. Warum brauchen Sie selbsttragende Verpackungen mit Werbedisplays?

Tom: Es ist nicht so, dass ich diese Verpackungen brauche. Wir wollen jedoch unser Firmenprofil verbessern und den Wiedererkennungswert unseres Namens steigern.

Sal: Wollen Sie selbsttragende Verpackungen mit Werbedisplays?

Tom: Ja, vorausgesetzt, sie erhöhen unseren Umsatz.

Sal: Der Preis einer Einheit Verpackungen von WPC liegt um etwa zwei Euro über dem Preis der Verpackungen, die Sie derzeit einsetzen. Sind Sie bereit, dieses Geld zu investieren?

Tom: Wenn diese Verpackungen unseren Umsatz um mehr als zwei Prozent erhöhen, decken wir unsere Kosten und bekommen die Werbung praktisch umsonst dazu.

Sal: Wollen Sie damit sagen, dass Sie bereit sind, zusätzlich zwei Euro pro Einheit Verpackungen auszugeben, oder nicht?

Tom: Genau das will ich damit sagen.

Sal: Wenn Sie sich entscheiden, einen Schritt weiterzugehen, wann wollen Sie die neuen Verpackungen einsetzen?

Tom: Die Verpackungen müssen mir in ungefähr drei Monaten zur Verfügung stehen. Damit hätten wir ungefähr zwei Wochen Zeit, um Aufbau, Befüllung und Versiegelung zu erledigen. Dann können wir noch vor der nächsten Hauptsaison die Produkte ausliefern.

Sal: Was würde passieren, falls Ihnen die neuen Verpackungen in drei Monaten nicht zur Verfügung stehen?

Tom: Dann können wir erst in neun Monaten wieder einen Probelauf starten. Dann erreicht unser Verkauf wieder einen Höhepunkt.

Sal: Mit wem halten Sie Rücksprache, wenn Sie eine Entscheidung über neue Verpackungen treffen?

Tom: Ich halte mit unserem Vertriebsleiter Rücksprache.

Sal: Es ist wichtig, dass ich mich mit dem Vertriebsleiter für circa 15 Minuten zusammensetze. Ich will ihm einige Verpackungsmuster zeigen, seine Fragen beantworten und herausfinden, welche Ziele und Einwände er hat. Auf diesem Weg erfahre ich, ob ich seine Kriterien erfülle. Könnten Sie für mich einen Termin vereinbaren?

Tom: Kein Problem. Er muss größeren Änderungen bei den Verpackungen ohnehin zustimmen.

Sal: Wenn Sie sich entscheiden, einen Schritt weiterzugehen, wer muss dem noch zustimmen?

Tom: Der Produktleiter und der Leiter unserer Marketingabteilung.

Sal: Okay. Ich werde auch mit diesen beiden sprechen müssen, um sicher zu sein, dass sie ihre Zustimmung geben. Sind Sie bereit, auch mit diesen beiden einen Termin für mich zu vereinbaren?

Tom: Aber sicher. Wie wäre es mit nächster Woche Freitag um 10:00 Uhr?

Sal: In Ordnung. Nehmen wir an, wir treffen uns nächste Woche mit diesen drei Personen. Und wir vereinbaren, einen Schritt weiterzugehen. Wer muss dieser Entscheidung noch zustimmen?

Tom: Der Leiter der Finanzabteilung. Er muss allen Projekten zustimmen, die noch keinen finanziellen Erfolg vorweisen können.

Sal: Okay. Wir müssen erst mit Ihrem Leiter der Finanzabteilung sprechen, bevor wir weitermachen können. So vergeuden wir nicht die Zeit der anderen Beteiligten, falls er nicht zustimmen sollte. Könnten Sie feststellen, ob er jetzt kurz für uns Zeit hat?

Tom: (Nimmt den Telefonhörer ab) Hallo Bob. Hier spricht Tom. Bei mir im Büro ist Sal Esman von WPC Verpackungen. Ich ziehe neue Verpackungen in Erwägung, die speziell für uns entworfen und gestaltet werden. Verpackungen, die bei den Einzelhändlern in selbsttragende Werbedisplays umgewandelt werden können. Können wir uns jetzt für zehn Minuten zusammensetzen, um deine Zustimmung für ein Pilotprojekt zu bekommen? (Pause) Um zu sehen, ob das Konzept wirtschaftlich sinnvoll ist. (Pause) Ich denke schon. Das kann ich aber erst sicher sagen, nachdem ich die neuen Verpackungen eine Zeit lang ausprobiert habe. Und für dieses Pilotprojekt brauche ich deine Budgetzusage. (Pause) (Sagt zu Sal) Er möchte wissen, wie viel ein Pilotprojekt kosten würde?

Sal: Sagen Sie ihm, dass ein Pilotprojekt zwischen 9.000 Euro und 12.000 Euro kostet.

Tom: (zu Bob) Zwischen 9.000 Euro und 12.000 Euro. (Pause) Okay, Bob. Danke. (zu Sal) Er stimmt einem Maximum von 10.000 Euro zu. Können Sie ein Pilotprojekt für 10.000 Euro durchführen?

Sal: Ich denke schon. Was würde passieren, wenn Sie dieses Pilotprojekt nicht durchführen?

Tom: Ich soll unsere Marktdurchdringung verbessern. Im Augenblick sehen Ihre Verpackungen vielversprechend aus. Wenn ich nicht Ihre Displays ausprobiere, würde ich mich wahrscheinlich nach einem anderen Lieferanten umsehen. Ich will wissen, ob ich mit selbsttragenden Displayverpackungen wirklich den Umsatz steigern kann. Deshalb bin ich sehr auf unser Testprojekt gespannt.

Sal: Wenn Sie sich jetzt entscheiden müssten, ohne vorher mit mir oder jemand anderem gesprochen zu haben, für welchen Hersteller von Displayverpackungen würden Sie sich entscheiden?

Tom: Ich habe wirklich keine Vorliebe.

Sal: Gibt es eine Person, mit der Sie lieber Geschäfte abschließen würden?

Tom: Nein. Unsere derzeitigen Lieferanten bieten Ihre Art von Displayverpackungen nicht an. Wenn sie es täten, hätten wir es längst ausprobiert. Ich habe bereits mit Lieferanten gesprochen, die diese Art von Verpackungen anbieten.

Sal: Gibt es einen anderen Lieferanten, mit dem Sie lieber Geschäfte abschließen wollen, oder nicht?

Tom: Nein. Wenn ich einen anderen Lieferanten bevorzugen würde, hätte ich ihm längst den Auftrag gegeben.

Sal: Wie gehen Sie bei der Vergabe von Aufträgen vor?

Tom: Ich setze eine Kaufanforderung mit den genauen Verkaufs- und Lieferbedingungen auf. Anschließend müssen der Produktleiter und der Leiter der Finanzabteilung meine Anforderung genehmigen. Falls ich deren Genehmigung erhalte, leite ich die Anforderung an die Einkaufsabteilung weiter. Wenn die Einkaufsabteilung den Verkaufs- und Lieferbedingungen zustimmt, ist es nur noch eine Formsache. Falls die Einkaufsabteilung ihre Zustimmung verweigert, kommt die Anforderung zu mir zurück. In diesem Fall müssen wir uns mit dem Leiter der Einkaufsabteilung zusammensetzen und die Probleme, die er sieht, lösen.

Sal: Wollen Sie damit sagen, dass die Einkaufsabteilung einen anderen Lieferanten bestimmen kann, nachdem wir uns all die Arbeit gemacht haben?

Tom: Nein. Sie bekommen den Auftrag, wenn Ihr Rating O.K. ist. Wenn Sie technisch und finanziell in der Lage sind, den Auftrag auszuführen.

Sal: Was würde es für Sie bedeuten, wenn das nicht der Fall ist?

Tom: Ich muss mich wie jeder andere auch für mein Gehalt rechtfertigen. Wenn ich keinen Gewinn erwirtschafte, wird mir mein Vorgesetzter kündigen. Und wie ich schon sagte, als Künstler kann ich meine Familie nicht ernähren.

Sal: Gibt es irgendeinen Grund, aus dem Sie mit mir keine Geschäfte abschließen wollen? (Pause) Etwas, über das wir bisher noch nicht gesprochen haben? (Pause) Emotionale Gründe? (Pause) Irgendetwas?

Tom: Nein. Genau genommen ist es mir wirklich ein Vergnügen, mit Ihnen zu diskutieren. Wenn der Termin nächste Woche Freitag ebenso gut verläuft, bekommen Sie den Auftrag. Ich schlage vor, dass Sie für unsere Besprechung einen Prototypen vorbereiten. Etwas, das auf unsere neue Produktlinie angepasst ist.

Sal: Ich werde einige Muster mitbringen, die wir für andere Kunden entwickelt haben. Sie werden annähernd die Größe und das Design haben, die Sie für Ihre Produktlinie benötigen. Wir werden mit Ihren Werbematerialien die vorhandenen Grafiken überkleben. So entsteht ein brauchbarer Entwurf. Bevor wir einen Prototypen für Sie anfertigen, will ich prüfen, ob alle Verantwortlichen dem Projekt zustimmen.

Tom: Ich glaube, Sie sollten zu unserer nächsten Besprechung einen fertigen Prototypen mitbringen.

Sal: Ich bin nicht bereit, die dafür nötige Arbeit zu veranlassen, solange nicht sicher ist, dass dieses Pilotprojekt zustande kommt. Sobald ich mir dessen sicher bin, werde ich mit Vergnügen einen Prototypen für Sie gestalten lassen und Ihnen einen sauber durchgerechneten Kostenvoranschlag vorlegen.

Tom: Okay. Ich verstehe Ihre Haltung. Sie vertreten eine klare Position.

Sal: Was könnte noch im Hintergrund lauern, dass dieses Geschäft verhindern könnte?

Tom: Mir fällt nichts ein. Sie haben alle Details wirklich gut abgedeckt.

Sal: Falls ich Ihre Kriterien für diese neue Verpackung erfüllen kann, was werden Sie tun?

Tom: Dann haben Sie den Auftrag in der Tasche.

Sal: Okay. Wir sehen uns dann nächste Woche Freitag.

Am Freitag:
Bei der Besprechung mit den anderen Entscheidern präsentiert Tom Merchant sehr überzeugend den Entwurf der Verpackung. Sal hat eine Kopie der geplanten Werbung auf das bestehende Werbedisplay geklebt. Alle sind sich einig, dass es einen Versuch wert ist, Verpackungen mit Werbedisplays zu testen. Anschließend gehen Sal und Tom in Toms Büro.

Tom: Nehmen Sie eine Kopie unserer Gestaltungsentwürfe mit. Damit kann Ihre Firma den Kostenvoranschlag leichter ausarbeiten. Sie können die Kopie ebenfalls für den Entwurf des Prototyps verwenden. Wie schnell können Sie mir den Kostenvoranschlag vorlegen?

Sal: Ich lasse Ihnen den Kostenvoranschlag am Mittwoch Nachmittag zukommen. Aber bevor wir den nächsten Schritt gehen, muss ich noch Ihre Bedingungen der Zufriedenheit bestimmen.

Tom: Was meinen Sie mit meinen „Bedingungen der Zufriedenheit"?

Sal: Wir müssen alle Bedingungen diskutieren, die von uns erfüllt werden müssen, damit wir mit Ihnen dieses Geschäft abschließen können.

Tom: O.K., schießen Sie los.

Sal: Angenommen, wir können Ihre Bedingungen der Zufriedenheit erfüllen, was werden Sie tun?

Tom: Meinen Sie mit den Bedingungen der Zufriedenheit, Dinge wie Preis und Lieferung?

Sal: Nicht nur Preis und Lieferung sondern alles, was für Sie in Bezug auf diese Verpackungen von Bedeutung ist.

Tom: Ich werde Ihnen den Auftrag geben, falls Sie meine Anforderungen zufriedenstellen können.

Sal: Okay. (Sal nimmt sein Notizbuch aus der Tasche.) Zuerst der Preis. Sie sagten, dass Sie bereit sind, für die neuen Verpackungen bis zu zwei Euro mehr pro Einheit auszugeben.

Tom: Woher wissen Sie das?

Sal: Ich entnehme das meinen Aufzeichnungen, die ich während unserer ersten Besprechung gemacht habe.

Tom: Ich habe mich schon gewundert, warum Sie all die Notizen machen. Scheint, als ob es sich auszahlen würde, gründlich zu sein.

Sal: Es ist wichtig, zu wissen, was wir voneinander erwarten können. Auf diese Weise gewinnen wir beide: Ich bekomme, was ich will. Sie bekommen, was Sie wollen. Am besten, man klärt alle wichtigen Punkte im Voraus.

Tom: Das gefällt mir. Fangen wir an.

Sal: Als wir uns zum ersten Mal getroffen haben, sagten Sie, dass Sie die Verpackungen in drei Monaten brauchen. Wir haben vor zwei Wochen miteinander gesprochen. Deshalb nehme ich an, dass Sie die Verpackungen in elf Wochen brauchen. Ist das richtig?

Tom: Ich würde es vorziehen, die Lieferung in zehn Wochen zu erhalten. Auf diese Weise haben wir mehr Zeit, das Fließband einzurichten.

Sal: Okay, ich werde das auf zehn Wochen reduzieren. Das ist aber auch alles, was ich für Sie tun kann. Ich werde Ihnen die exakten Ausmaße der fertig aufgebauten Verpackungen geben, wenn ich Ihnen den Kostenvoranschlag vorlege. Die Ausmaße der Verpackung werden sich von den Ausmaßen Ihrer bestehenden Verpackungen unterscheiden. Die Verpackungen besitzen jedoch die gleiche Füllmenge, 30 Einheiten pro Verpackung. Ist das in Ordnung?

Tom: Das ist in Ordnung, wenn 20 Verpackungen auf eine Standardpalette passen.

Sal: Das lässt sich machen. Die Farben auf dem Display werden mit Ihren Farbspezifizierungen übereinstimmen. Die Maßabweichungen werden innerhalb der vorgeschriebenen Industriestandards liegen. Ist das in Ordnung?

Tom: Ich will, dass die Toleranzen um 40 Prozent besser sind als Industriestandard.

Sal: Das lässt sich machen, aber dann erhöht sich der Kostenanteil des Drucks um circa 50 Prozent. Sind Sie bereit, für die geforderten Toleranzen, mehr Geld auszugeben?

Tom: Nein. Ich kann dafür nicht mehr bezahlen. Wenn WPC jedoch qualitativ hochwertig arbeitet, sollte es kein Problem für Sie sein, mir die engeren Toleranzen zu garantieren.

Sal: Unsere internen Standards sind tatsächlich viel strenger. Wir erfüllen immer die Industriestandards, aber wir erfüllen nicht immer unsere internen Standards. Wir garantieren keinen Standard, der besser als der Industriestandard ist. Außer wir bekommen die zusätzlichen Qualitätskontrollen bezahlt. Was wollen Sie tun?

Tom: Andere Verkäufer sagen mir ständig, dass ihre Druckqualität die Industriestandards immer um mindestens 60 Prozent übertreffen.

Sal: Wenn sie diese Qualität garantieren können, ohne Ihnen zusätzliche Kosten zu verursachen, sollten Sie denen den Auftrag geben.

Tom: Ich würde es in Erwägung ziehen, wenn ich es für wahr hielte. Diese Verkäufer sind aber nicht zu Garantien bereit, sogar dann nicht, wenn zusätzliche Kosten zur Sprache kommen. Sal, Sie sind ehrlich zu mir. Ich mag das. Ich habe es satt, Leuten zuzuhören, die mir die bestmögliche Qualität zum minimalen Preis versprechen.

Sal: Was wollen Sie also tun?

Tom: Ich werde Ihre Qualitätsstandard akzeptieren müssen.

Sal: Tom, Sie müssen nichts tun, was Sie nicht wollen.

Tom: Nun ja, das ist aber genau das, was ich tun will.

Sal: Sind Sie sicher?

Tom: Ich bin sicher.

Sal: Welche Grundfarbe wollen Sie für die Außenseite der Verpackung?

Tom: Können Sie die Außenseiten in einem matten Rot und Schwarz bedrucken? Ich gehe davon aus, dass Sie als Grundlage glatten Standardkarton verwenden.

Sal: Kein Problem.

Tom: Das Werbedisplay muss natürlich hochglänzend und hochauflösend im Offsetdruck gestaltet werden.

Sal: Ja, gut.

Tom: Wie sieht es mit der Materialstärke der Kartonage aus?

Sal: Unser Material wird stärker sein, als das Material, das Sie zurzeit für Verpackungen einsetzen. Deshalb wird jeder Verpackungskarton ein wenig schwerer sein. Ich werde die genaue Materialstärke und das Gewicht im Kostenvoranschlag aufführen. Ist das für Sie annehmbar?

Tom: Das ist in Ordnung.

Sal: Ich brauche von Ihnen Warenmuster für die Entwicklung der Verpackung. Ich werde Ihnen Ihre Muster zusammen mit dem Kostenvoranschlag zurückgeben. Können Sie das organisieren?

Tom: Kein Problem.

Sal: Lassen Sie uns die Zahlungsbedingungen besprechen. Der Kostenvorschlag wird ein Drittel des Gesamtpreises als Anzahlung fordern. Die Anzahlung ist zahlbar 30 Tage nach Annahme des Auftrags. Der Restbetrag ist 30 Tage nach Lieferung der Ware fällig. Gibt es damit irgendwelche Probleme?

Tom: Es ist in Ordnung, solange sich Ihre erste Rechnung auf „Entwicklungskosten" bezieht.

Sal: Dafür sorge ich. Was noch?

Tom: Wir verarbeiten ausschließlich Verpackungen, die auf Standardpaletten gestapelt, in Plastikfolie eingewickelt und auf die Paletten festgeschnallt werden können. Die Gesamthöhe darf 120 cm pro Palette nicht übersteigen. Die Paletten bleiben unser Eigentum.

Sal: Einverstanden. Was noch?

Tom: Wir akzeptieren keine Lieferungen, die mehr als zwei Tage vor dem vereinbarten Liefertermin eintreffen. Wenn sich Ihre Lieferung verzögern sollte, müssen Sie uns darüber mindestens eine Woche im Voraus benachrichtigen. Ich muss Sie nicht daran erinnern, dass Sie den Folgeauftrag verlieren, wenn Sie sich beim Pilotprojekt verspäten?

Sal: Selbstverständlich.

Tom: Ich denke, dass ich einen Vertreter von WPC vor Ort brauche, um unsere Mitarbeiter in der Produktion im Umgang mit den neuen Verpackungen zu trainieren.

Sal: Ich schätze, dass es ungefähr eine halbe Stunde dauern wird, Ihren Mitarbeitern zu zeigen, wie man die Verpackungen aufbaut, befüllt und versiegelt.

Tom: Sie kennen unsere Mitarbeiter nicht! Ich glaube nicht, dass Sie es in einer halben Stunde begreifen werden. Setzen Sie dafür einen halben Tag an!

Sal: Okay. Ich werde versuchen, für Sie einen halben Tag zur Verfügung zu stehen, aber ich glaube, dass wir es auch schneller trainieren können.

Tom: Noch etwas, Sal. Es ist wichtig, dass die Aufbauzeit der neuen Verpackungen unsere derzeitigen Aufbauzeiten nicht übersteigt.

Sal: Ich werde Ihnen demonstrieren, dass unsere Verpackungen mindestens genauso schnell wie Ihre bestehenden Verpackungen aufgebaut werden können. Das ist aber auch alles, was ich tun kann.

Tom: Selbstverständlich.

Sal: Gut. Reicht es Ihnen, wenn ich Ihnen und Ihren Mitarbeitern zeige, dass die neuen Verpackungen mindestens genauso schnell aufgebaut werden können wie Ihre bestehenden Verpackungen?

Tom: Ja.

Sal: Was noch?

Tom: Mir fällt nichts mehr ein.

Sal: Ich versuche, jetzt schon jedem möglichen Problem vorzugreifen. Dann können wir die Probleme lösen, bevor sie auftreten.

Tom: Das war von Anfang an ersichtlich. Ich glaube, so langsam verstehe ich das Konzept, das Sie „Bedingungen der Zufriedenheit" nennen.

Sal: Rufen Sie mich bis Mittwoch an, falls Ihnen noch etwas einfällt.

Tom: Okay. Wir sehen uns dann am Mittwoch.

Am folgenden Mittwoch:
Zur nächsten Besprechung erscheint Sal mit einem großen viereckigen Paket, das in braunes Packpapier eingewickelt ist.

Tom: Ist das der Entwurf?

Sal: Ja. Ich habe auch den Kostenvoranschlag mitgebracht. Bevor wir ...

Tom: (Unterbricht) Lassen Sie mich zuerst den Entwurf sehen.

Sal: Bevor wir uns den Entwurf ansehen, prüfen wir nochmals Ihre Bedingungen der Zufriedenheit, damit wir sicher sein können, dass der Kostenvoranschlag und der Entwurf miteinander übereinstimmen. (Nimmt sein Notizbuch aus der Tasche) Erstens ... der Gesamtpreis für den Erstauftrag darf 10.000 Euro nicht übersteigen. Richtig?

Tom: Richtig.

Sal: Und die Kosten pro Stück dürfen gegenüber den gegenwärtigen Stückkosten höchstens zwei Euro teurer sein.

Tom: Richtig.

Sal: Die Lieferung muss innerhalb der nächsten zehn Wochen erfolgen.

Tom: Richtig. Die Lieferungen müssen darüber hinaus termingerecht oder frühestens bis zwei Tage vor dem vereinbarten Liefertermin erfolgen.

Sal: Richtig. Jede Verpackung muss ein Fassungsvermögen von 30 Produkteinheiten haben. Und zwanzig Packungen müssen auf eine Palette passen.

Tom: Soweit ist alles in Ordnung.

Sal: Sie wollen die Verpackungen auf flachen Holzpaletten in Standardgröße befördern, indem sie in Plastikfolie gewickelt und an den Paletten festgeschnallt werden. Die beladenen Paletten dürfen nicht höher als 120 cm sein.

Tom: Richtig.

Sal: Die Druckqualität muss die üblichen Industriestandards hinsichtlich der Brillianz und Helligkeit der Farben erfüllen.

Tom: Das trifft auf das Rot und Schwarz an den Außenseiten zu. Wir haben uns jedoch noch nicht über die Brillianz und Helligkeit der Farben auf dem Werbedisplay unterhalten.

Sal: Ich mache mir dazu eine Notiz. Wir können diesen Punkt diskutieren, nachdem wir die restlichen Punkte bestätigt haben. Dann sagten Sie, dass Sie die Außenseite aus glattem Standardkarton mit einem matten Schwarz und Rot bedrucken wollen.

Tom: Richtig.

Sal: Wir haben uns darauf geeinigt, dass das Werbedisplay hochglänzend in einem hochauflösenden Offsetdruck gestaltet wird.

Tom: Richtig.

Sal: Ich habe Ihnen auch gesagt, dass die neuen Verpackungen schwerer als die bestehenden Verpackungen sein werden.

Tom: Müssen die Verpackungen schwerer sein, obwohl sie das gleiche Fassungsvermögen haben?

Sal: Ja. Diese Verpackungen werden nicht einfach geleert und weggeworfen. Es sind selbsttragende Verpackungen, die aufrecht auf dem Boden stehen. Das Display oben auf der Verpackung ist auf Augenhöhe. Außerdem müssen diese Verpackung Einkaufswagen, Füßen und Kindern standhalten.

Tom: O.K., ich verstehe. Sie brauchen nichts weiter zu sagen.

Sal: Sie haben folgenden Zahlungsbedingungen zugestimmt: ein Drittel als Entwicklungskosten innerhalb von 30 Tagen nach Auftragsbestätigung. Den Restbetrag innerhalb von 30 Tagen nach Lieferung.

Tom: Richtig.

Sal: Sie brauchen mich oder einen anderen Vertreter von WPC, um Ihren Mitarbeitern zu zeigen, wie die Verpackungen aufgebaut, befüllt und versiegelt werden.

Tom: Für mindestens einen halben Tag.

Sal: Tom, ich bin der Meinung, dass wir uns auf „höchstens" einen halben Tag geeinigt hatten.

Tom: Was passiert, wenn Probleme mit der Verpackung auftreten?

Sal: Lassen Sie uns die Punkte durchgehen, auf die wir uns bereits geeinigt haben. Dann diskutieren wir alle nötigen Änderungen. In Ordnung?

Tom: In Ordnung.

Sal: Wir haben uns ebenfalls geeinigt, dass die zeitlichen Anforderungen ihres Fließbandes erfüllt sind, wenn ich demonstrieren kann, dass die neuen Verpackungen genauso schnell wie ihre bisherigen Verpackungen aufgebaut, befüllt und versiegelt werden können.

Tom: Richtig.

Sal: O.K. Das ist eine Liste Ihrer Bedingungen der Zufriedenheit, auf die wir uns bereits geeinigt haben. Hat sich an einem Punkt auf dieser Liste etwas geändert oder wollen Sie noch einen Punkt hinzufügen?

Tom: Ich habe noch einen Punkt. Der Preis pro Einheit soll bei gleichgroßen Aufträgen auch zukünftig derselbe bleiben.

Sal: Diese Frage kann ich vorläufig mit „Ja" beantworten. Der Preis zukünftiger Aufträge ist jedoch auch von der Inflation abhängig.

Tom: Ich habe Bedenken, dass Ihr Preis schneller als die Inflationsrate steigt.

Sal: Warum sorgen Sie sich um diesen Punkt?

Tom: Der Leiter der Finanzabteilung hat den Einkaufswert für diesen Auftrag auf 10.000 Euro begrenzt. Ihre Strategie könnte sein, den Preis beim nächsten Auftrag zu erhöhen.

Sal: Glauben Sie wirklich, dass ich einfach den Preis erhöhen würde, ohne das vorher mit Ihnen abzusprechen?

Tom: Nein. Ich glaube nicht, dass Sie das tun würden. Aber ich kenne die Geschäftsleitung von WPC nicht. Vielleicht tun sie es einfach.

Sal: Ich kann Ihnen versichern, dass wir auf diese Art und Weise keine Geschäfte machen. Aber selbst wenn unsere Geschäftsleitung einfach den Preis erhöhen würde, würde ich Sie direkt darüber informieren.

Tom: Sie wollen also sagen, dass ich mir keine Sorgen machen soll?

Sal: Genau. Handelt es sich bei der Liste, die ich Ihnen gerade vorgelesen habe, um alle Punkte, auf die wir uns geeinigt haben?

Tom: Ja. Aber ich habe noch ein paar Fragen.

Sal: Angenommen, wir können all diese Fragen klären, sodass wir beide mit den Antworten zufrieden sind, was werden Sie tun?

Tom: Dann halten Sie Ihre Auftragsbestätigung bis Freitag in den Händen.

Sal: O.K. Lassen Sie uns jetzt über Ihre Fragen sprechen. Zunächst über die Brillanz und Helligkeit der Farben. Ich habe bisher angenommen, dass Sie mit „Farben" alle Farben einschließlich der Farben für das Werbedisplay meinen. Was genau meinen Sie damit?

Tom: Die Industriestandards sind in Bezug auf die „Farbhelligkeit" nicht eindeutig.

Sal: Können Sie mir zwei Muster geben, die auf gewöhnlichem hochglänzendem Fotopapier ausgedruckt sind? Zwei Muster, die für Sie gerade noch akzeptabel sind. Ein Muster in etwas zu hellen Farben und ein Muster in etwas zu dunklen Farben. Ich bin sicher, dass wir innerhalb dieses Bereiches drucken können. Wir haben sehr strenge interne Standards.

Tom: Das ist einfach. Ich kann unsere Grafiker sofort mit der Erstellung der beiden Muster beauftragen. Können Sie eine Abweichung in der Helligkeit von maximal fünf Prozent garantieren?

Sal: Nein, aber ich kann Ihnen eine Abweichung von maximal sieben Prozent garantieren.

Tom: O.K. Ich kann mit einer siebenprozentigen Abweichung leben.

Sal: Wir haben einen weiteren offenen Punkt. Dabei geht es um die Frage, wie lange Ihnen ein Vertreter von WPC zur Verfügung stehen soll, um Ihre Fließbandarbeiter zu trainieren.

Tom: Ich bin einfach nur besorgt, dass wir es nicht hinbekommen.

Sal: Wenn etwas schief geht, wird unser Vertreter selbstverständlich so lange bleiben, bis das Problem gelöst ist. Die Anpassung Ihres Fließbandes auf die neuen Verpackungen sollte nicht länger als eine Stunde dauern. Vorausgesetzt, alle Materialien sind vorhanden und das Fließband ist klar zum Anlauf.

Tom: Werden Sie oder der andere Vertreter vor Ort bleiben, bis das Fließband läuft? Nur für den Fall, dass etwas schief geht.

Sal: Ja, solange Sie pünktlich beginnen.

Tom: Gut. Dass weiß ich zu schätzen.

Sal: Habe ich Ihre Bedingungen der Zufriedenheit vollständig erfasst?

Tom: Ja. Zeigen Sie mir jetzt bitte den Entwurf der Verpackung.

Sal entfernt das braune Packpapier und baut die Verpackung zusammen. Der Karton ist viereckig und wird oben geöffnet. Alle vier Seiten des Kartons sind mit dem Logo und Produktnamen von EGP in schwarzer und roter Farbe beschriftet. Das Werbedisplay reicht im geöffneten Zustand ungefähr 40 cm über die Oberkante des geöffneten Verpackung hinaus. Das Werbedisplay ist mit ansprechenden Grafiken und Farben auf hochglänzendem Untergrund gestaltet.

Tom: Die Verpackung sieht hervorragend aus. Die Ausmaße sind jedoch nicht so, wie ich es erwartet habe. Die Verpackung ist fast quadratisch. Selbst wenn das Werbedisplay größer wäre, ist die gesamte Verpackung trotzdem zu niedrig, um vom Kunden in einem Verkaufsgang beim Einzelhändler noch wahrgenommen zu werden.

Sal: Die Verpackung mit dem geöffneten Display muss auf eine noch ungeöffnete Verpackung gestellt werden. Damit erreichen Sie die erforderliche Höhe.

Tom: Ich verstehe. Was passiert, wenn ein Einzelhändler nur noch eine Verpackung übrig hat?

Sal: Der Einzelhändler muss eine leere Verpackung aufheben und die volle auf die leere platzieren.

Tom: Das ist einfach. Ich sehe, dass Sie für den Entwurf einen weißen Karton verwendet haben. Ich war jedoch der Meinung, dass Sie für die Produktion einen Standardkarton verwenden, um die Kosten niedrig zu halten.

Sal: Sie haben gewissermaßen recht. Bei leichten Gewichtungen kostet der Standardkarton wesentlich weniger, weil er in großen Mengen hergestellt wird. Bei schwereren Gewichtungen, wie wir sie für Ihre Displayverpackungen verwenden, ist der Unterschied im Preis nur marginal. Dafür kommen die Werbung und die Logos Ihrer Firma wesentlich besser zur Geltung.

Tom: Haben Sie das Angebot auf Basis des weißen Kartons erstellt?

Sal: Ich habe Ihnen für beide Fälle ein Angebot erstellt. Ich zeige Sie Ihnen. Der Preis für die Erstellung des Angebotes inklusive Kostenvoranschlag und Entwurf beträgt 2.400 Euro. (Händigt Tom eine Kopie des Angebots aus.) Der Preis für die erste Bestellmenge von 2.000 Stück auf Basis von weißem Karton beträgt 3,72 Euro pro Einheit.

Tom: Die Summe beläuft sich also auf 9.840 Euro. Sie haben es geschafft, den Preis unter der 10.000 Euro-Marke zu halten. Ist die Lieferung im Preis inbegriffen?

Sal: Ja. Das Angebot beinhaltet die Lieferung frei Haus. Die Kosten pro Einheit sind um ungefähr zwei Prozent niedriger, wenn wir den üblichen Standardkarton verwenden.

Tom: Das überrascht mich. Die Stückkosten der neuen Verpackungen sind im Vergleich zu den Stückkosten für unsere bisherigen in Wellpape nur um 1,78 Euro höher. Bekommen wir zukünftige Aufträge zum gleichen Stückkostenpreis? Die Kosten für die Erstellung des Angebots und des Entwurfs fallen dann nicht mehr an, oder?

Sal: Der Stückkostenpreis ist von der Inflation abhängig. Wir können zukünftige Aufträge nur dann zum gleichen Stückkostenpreis annehmen, wenn die Verpackungsgestaltung unverändert bleibt. Sie können mit einer Lieferung innerhalb von zehn Wochen rechnen, sobald wir die Auftragsbestätigung von Ihnen erhalten haben.

Tom: Dann bringe ich den Auftrag besser bis Freitag auf den Weg. Es sieht so aus, als ob all meine Bedingungen der Zufriedenheit erfüllt sind.

Mein Vorschlag: Wir gehen jetzt Mittagessen. Währenddessen lasse ich für Sie die Gestaltungsentwürfe der Verpackungen vorbereiten. Außerdem lasse ich unsere Werbegrafiker die beiden Muster für die Farbhelligkeit erstellen. Dann können Sie alles gleich heute noch mitnehmen.

Ich werde auf der Auftragsbestätigung vermerken, dass wir ungefähr vier Stunden benötigen, um unsere Fließbandarbeiter einzuarbeiten. Können wir uns darauf verständigen, dass Sie sich persönlich darum kümmern, dass bei unserem ersten Auftrag alles glattgeht?

Sal: Ja.

Tom: Gut. Lassen Sie mich noch kurz die Entwürfe und Muster anfordern und die Kaufanforderung diktieren. Danach gehen wir zum Mittagessen. Sie haben einen neuen Kunden. Vielen Dank.

Sal: Gern geschehen.

Bücher für Ihren Erfolg

Anita Hermann-Ruess
Wirkungsvoll präsentieren –
Das Buch voller Ideen
Rhetorik-Highlights, Argumente,
Formulierungen und Methoden für
emotionale Präsentationen
1. Auflage

456 Seiten; 2010; 29,80 Euro
ISBN 978-3-86980-075-2; Art-Nr.: 846

Rhetorik-Highlights, Argumente, Formulierungen und Methoden für emotionale Präsentationen

Wie man Präsentationen und Vorträge hält, wissen die meisten Menschen. Mitreißen, fesseln und beeindrucken gelingt aber den wenigsten. Genau hier setzt dieses Buch an: Hunderte von Formulierungen, Stilmitteln, Wirkfiguren, kreativen Ideen und rhetorischen Highlights helfen, einzigartige emotionale Vorträge und Präsentationen zu entwickeln.

Anita Hermann-Ruess, Expertin für Präsentation und Rhetorik sowie mehrfache Buchautorin, liefert in dieser Sonderausgabe das Know-how für überzeugende und herausragende Präsentationen. Wirkungsvolle Gesten, mediale Inszenierungstechniken oder authentische Körpersprache – mit diesem Buch sind Sie in allen Phasen der Präsentation bestens beraten. Und mit dem limbischen Wörterbuch finden Sie endlich im Handumdrehen die richtigen Formulierungen mit der passenden emotionalen Wirkung.

Sascha Bartnitzki
… NUR DU VERKAUFST
Mehr Wille, mehr Mut – mehr Erfolg!

208 Seiten; 2010; 24,80 Euro
ISBN 978-3-86980-061-5; Art-Nr.: 827

... NUR DU VERKAUFST

Verkäufer wissen theoretisch alles. Sie kennen die Kniffe der Verkaufs-rhetorik, unzählige Verkaufstechniken und die Zeichen der Körperspra-che – nur im Umgang mit dem Kunden wenden sie kaum etwas davon an. Es wird nur beraten anstatt verkauft.

Sascha Bartnitzki stellt in seinem Buch die viel gelehrten Verkaufsmythen infrage und illustriert, was Spitzenverkäufer besser machen. Denn Ver-kaufen ist wie Leistungssport: Man muss vor dem „Wettkampf" trainieren, Ausdauer haben und Mut beweisen.

Verstecken Sie sich also nicht mehr hinter Produkten, Kunden und der Konkurrenz. „Nur DU verkaufst", das ist die zentrale Botschaft dieses Buches – mit revolutionären Tipps und sofort umsetzbaren Strategien starten Sie persönlich im Verkauf durch und generieren mehr Umsatz.

} getAbstract

Jens-Uwe Meyer
Kreativ trotz Krawatte
Vom Manager zum Katalysator – Wie
Sie eine Innovationskultur aufbauen

240 Seiten; 2010; 24,80 Euro
ISBN 978-3-86980-073-8; Art-Nr.: 836

Unternehmen, die ihre Mitarbeiter zu neuen Ideen motivieren, können Berge versetzen, andere gehen die ausgetretenen Pfade immer und immer wieder. Unternehmen, die eine kreative Kultur aufbauen, können schnell und flexibel reagieren, andere bleiben in festgefahrenen Prozessen stecken. Vier von fünf Mitarbeitern könnten Ideen haben, die das Unternehmen voranbringen: Für bessere Abläufe, einzigartigen Kundenservice, originelles Marketing, neue Produkte, Dienstleistungen und Geschäftsmodelle.

Warum haben sie solche Mitarbeiter nicht? Weil sich neue Ideen nur durch neue Führungsmethoden hervorbringen lassen. Kreativität lässt sich nicht per Knopfdruck erzwingen, Ideen unterliegen ganz eigenen Spielregeln. Wer sie kennt, profitiert von den Geistesblitzen seiner Mitarbeiter. Wer sie missachtet, verpasst die Gelegenheit, neue Einsichten, neue Ansätze und neue Herangehensweisen zu erhalten.

Jens-Uwe Meyer illustriert in seinem neuen Buch, wie Sie mit ungewöhnlichen Denkwegen eine Innovationskultur aufbauen und Ungewöhnliches erreichen. Sie lernen die wichtigsten Ergebnisse der internationalen Kreativitätsforschung kennen und erfahren, wie Sie diese für Ihr Unternehmen nutzen können. Und Sie erfahren, warum es Zeit wird, mit den Klischees und den Mythen rund um das Thema Kreativität radikal zu brechen.